U0169001

名师手把手系列

玩转虚拟机——基于 VMware+Windows

（第二版）

主　编　韩立刚

副主编　王学光　韩利辉　丁蕾蕾

中国水利水电出版社

www.waterpub.com.cn

·北京·

内 容 提 要

  本书从虚拟机的基本概念开始，循序渐进地对 VMware Workstation 的安装、配置、操作的全过程进行讲解，并通过 Step by Step 的方式，一步步带领大家在自己的计算机上搭建出一台至几台的虚拟机、安装一个至几个不同的操作系统，以及多种学习 IT 技术所必需的实验环境及企业环境，如 Windows Server、Linux Server 等；除此之外，本书还对 Windows 的一些相关的高级操作进行了详细讲解。

  本书包含大量的实用技术，如给虚拟机做快照、设置虚拟机的网络、管理虚拟机的硬件和磁盘等。学习完本书，您可以迅速搭建起各种相关实验的开发和测试环境，甚至将真实的生产环境服务器抓取到虚拟机进行各种测试而不影响生产系统。本书采用理论和实战相结合的讲解方式，并配以大量图片，正所谓"一图胜千言"，看似普通的书名之下蕴含了最能展现技术底蕴的核心内容。

  本书适合计算机专业的学生、软件开发人员、IT 运维人员、云计算及大数据相关从业人员阅读。

图书在版编目（CIP）数据

玩转虚拟机：基于VMware+Windows / 韩立刚主编
. -- 2版. -- 北京：中国水利水电出版社，2021.5
（名师手把手系列）
ISBN 978-7-5170-9563-7

Ⅰ. ①玩… Ⅱ. ①韩… Ⅲ. ①虚拟处理机 Ⅳ.
①TP338

中国版本图书馆CIP数据核字(2021)第080796号

策划编辑：周春元 责任编辑：王开云 封面设计：李 佳

书　　名	名师手把手系列 玩转虚拟机——基于 VMware+Windows（第二版） WANZHUAN XUNIJI——JIYU VMware+Windows
作　　者	主 编　韩立刚 副主编　王学光　韩利辉　丁蕾蕾
出版发行	中国水利水电出版社 （北京市海淀区玉渊潭南路 1 号 D 座　100038） 网址：www.waterpub.com.cn E-mail：mchannel@263.net（万水） 　　　　sales@waterpub.com.cn 电话：(010) 68367658（营销中心）、82562819（万水）
经　　售	全国各地新华书店和相关出版物销售网点
排　　版	北京万水电子信息有限公司
印　　刷	三河市鑫金马印装有限公司
规　　格	184mm×240mm　16 开本　24.25 印张　539 千字
版　　次	2016 年 9 月第 1 版　2016 年 9 月第 1 次印刷 2021 年 5 月第 2 版　2021 年 5 月第 1 次印刷
印　　数	0001—3000 册
定　　价	68.00 元

凡购买我社图书，如有缺页、倒页、脱页的，本社营销中心负责调换
版权所有·侵权必究

自　　序

从化工技术员到微软 MVP，再到 51CTO 学院百万年薪金牌讲师。

男怕入错行

1995 年，我考入河北科技大学化工工艺专业，学了 4 年的化工，没有补过考，英语四级一考而过，是典型的好学生。

1999 年毕业后，我进入了石家庄化肥集团——当时一个员工近 4000 人的地道"铁饭碗"国有企业。作为一名专业对口的高才生，我对未来充满了期待和憧憬。350 元的工资，再加上 350 元的奖金，在当时过得还是不错的。至于工作，是每天去生产现场转一圈，然后就是在办公室喝茶、聊天，上班盼午饭，午饭盼下班，下班找朋友，优哉游哉。

转行 IT

一年后，单位效益下降，奖金由 350 元降到 200 元又降到 90 元，日子开始过得紧巴了。与我一起进厂的 16 个大学生有不少开始辞职，我也不得不开始考虑未来的路。

在一个朋友的婚礼上，我遇到一位在培训中心讲授 CCNA MCSE MCDBA 课程的高中同学，得知其月工资有两三千元，差点惊掉我的下巴——这位同学高中时学习比我差，高考复读一级才考上专科，但人家现在一个月工资顶我半年多！

心动不如行动，我决定转行 IT。

同学的榜样就在眼前，又恰逢当时微软雄霸天下，我决定先从拿下微软的 MCSE 认证开始。在咨询一个 MCSE 培训班时，负责招生的老师告诉我，微软系统工程师（MCSE）的课程学完后可以考国际认证，在全球都认可。于是我怀着对未来的憧憬报了名，学费是我当时 8 个月的工资。

志在远方　风雨无阻

培训班虽然学费很高昂，但课程的学习主要以老师念 PPT 为主，面对眼花缭乱的专业术语、概念，没有通俗易懂，更没有理论结合实践，这对于我这个化工专业的学生来说，简直如噩梦一般。我意识到，随波逐流，我输定了。

于是，我决定多挤出时间"加班"学习。感谢单位领导慈悲为怀，以及办公室同事的朴实善良，让我的"加班"学习波澜不惊。记得当时车间恰好购买了一台安装了 Windows 98 的计算机，我午休时间就用这台计算机熟悉 Windows 操作。遇到任何不懂或似懂非懂的内容，我就记录到一个本子上，然后去培训中心找老师问明白……

课程学到一半，我已经记满了几百页的笔记，除了不懂的知识点，还包括很多英文单词，比如，memory 在计算机中是"内存"的意思，而上学时课本中讲的是"记忆"的意思，我就把这样的专业术语也记在本上并在边上注上"内存"。时间久了，我发现我也能直接读英文文档……

培训期间，有些同学拿到了考试的题库后开始背题库，这些背题库的同学很快就通过了考试而且成绩很高，有的 15 分钟 1000 分通过。对于这些考证"捷径"我从未考虑，因为我坚信，你不能解决实际问题，不能用技术创造价值，有证书照样找不到工作。

我一节课不落学完全部课程，克服万难完成了书上的所有实验，同时还自己设计实验来验证所学知识。当然，考试之前我也看了微软的题库，但我不是为了背题库，而是要用考题来真正检验我掌握的知识。

我的这种学习态度及成果，培训中心的人都看在眼里。有一天，他们的负责人跟我商量看我是否能在暑期带 CCNA 的实验。我说我还没有参加 CCNA 的学习，带学生实验可能不行。但培训中心负责人说："你这种学习态度，学什么都能学精通，好好准备，没问题！"

于是我自己搞通了 CCNA 的所有实验！这个过程让我技术大为精进的同时，也让暑期带的 CCNA 实验课顺利完成。

功夫不负有心人

没有意外，半年后我顺利考取了 MCSE 证书，然后开始在人才招聘会寻找新的工作。

记得有一家公司在招聘微软认证讲师，要求计算机专业，但我还是投下简历。我的化工专业与用人单位要求不符，正常来说我是不会有机会的，但我留了用人单位的电话，并专门打电话请求一个面试机会。基于技术方面的自信，让我在电话中赢得了面试机会。

得力于自己做学生时踏实的实验功底，试用期第一次上课圆满完成。尽管后来不免有"坐蜡"现象（老师对学生提的问题回答不上来时称为"坐蜡"），但在不到一年的时间里，由于讲课深入浅出、通俗易懂、实用性强，我的课程受到学生热烈追捧，我得以提前顺利转正。最忙的一个月我讲了 4 个星期的课，基本工资+课时费+差旅费，到手工资达到 3800 元，相当于我在化肥厂近 10 个月的工资！

两年后，我又成为微软认证讲师（MCT）。期间，对微软的其他产品也进行了研究与学习，如邮件系统 Exchange 2000、Exchange 2003，微软的企业高级防火墙 ISA 2000、ISA 2004，微软的 SQL Server 2000 的管理和开发等。

2005 年在上海，经过 10 天魔鬼式封闭培训和 7 次考试，我又成为微软的企业护航专家，为河北省、河南省的微软正版用户提供技术支持和培训。这些企业遇到自己搞不定的问题，打微软的技术支持电话，微软公司派单，我代表微软去给客户解决问题或培训，每一次故障解决面临的都是新问题，因此锻炼了我快速查找资料、解决问题的能力。一晃 7 年的企业客户培训和护航服务又使我积累了大量经验。

我从信息中心收集众多企业 IT 部门遇到的问题，并将这些经验通过课堂与其他企业的 IT

部门分享。同时又把这些案例引入课堂，成为教学案例，深受学生喜爱。

成为微软 MVP

在 2011 年，我申请 MVP。受益于编写 Windows Server 2008 视频突击系列图书，作为微软公司动手实验营（HOL）讲师，为河北的企业信息中心的员工进行新技术推广等经历，我被微软公司授予"微软最有价值专家（MVP）"荣誉称号。

技术成就梦想

2010 年，博客兴起，我在 51CTO 上开了自己的技术博客。得益于丰富的技术积累及实践经验，我为很多个人或企业解决了很多疑难技术问题，我也很快成为 51CTO 博客专家。我把一些具有典型性问题的解决方法制作成案例视频与大家分享，受到网友的热烈欢迎。

我逐渐意识到，技术服务这一块是个宝藏，抱着试试看的想法，我尝试进行有偿技术服务，比如，我给你解决一个什么样的问题，收费从几十元几百元到上千元不等，结果很多人购买我的服务。这些案例又成为我授课的故事。

这个想法经过与 51CTO 相关人员进一步探讨交流及延伸，促成了 51CTO 网站在 2013 年成立了 51CTO 学院，我也成为 51CTO 学院的第一位老师。2015 年，我的视频课程年收入已超过百万元，是 51CTO 视频学院第一位年课程收入超百万元的讲师。现在，我在 51CTO 的学员已经累计达到 1600 万人，视频课程达 3500 多课时，超过 4 万分钟。

我目前出版的 16 本计算机图书、被众多高校选作教材。出版的计算机网络图书入选教育部高等学校软件工程专业教学指导委员会软件工程专业系列教材，2020 年为华为官方编写《数据通信与网络技术》认证教材。

说起成功的经验，我总结出以下 4 条：

（1）不管学术水平有多高，讲课让大家听不懂的老师不是好老师。

我本是学化学的计算机门外汉，学习 IT 技术需要的知识铺垫在我的课程中会单独为你展现。从一个菜鸟到大侠的成长过程遇到的坎坷一定要让我的学生绕过。我也不是师范院校毕业当老师，讲课不拘一格，讲一个知识进行充分扩展，举一反三，学生收获更多。

（2）不了解企业需求的老师或不了解学生需求的老师不是好老师。

多年的一线技术经验，让我对企业的需求了如指掌；多年的讲课经验，又让我对当前学生在学校能学到哪些知识了如指掌。这样，我就能做到对学生的能力与企业需求之间的差距了如指掌，所以我的课如果用两个字来概括，就是"实用"。

（3）理论结合不上实践或实践结合不上理论的老师不是好老师。

理论不结合实践，那么你在企业中就缺乏动手能力。实践不结合理论，那就只会解决熟悉的问题，对于不熟悉的问题既没思路又没办法。在学习过程中遇到不懂的、似懂非懂的，务必要彻底弄懂，并进行实验验证。我不敢保证学员对每一个知识点都能达到彻底弄懂的程度，但只要我认为是难点的问题，我都会保证讲透讲彻底。当然，其中最重要的，是要像老师一样，脑子里时时都要绷着那根弦：对于不懂的技术问题绝不放过！

理论讲透彻，实验来验证，是我讲每一门课程的最高原则。

（4）我都可以，你更可以。

我从事 IT 培训 20 年，一直冲在教学和企业 IT 服务第一线，从 2013 年开始着手录制 IT 视频教程，现已录制完成近 70 门课程，涵盖了企业主流的 IT 技术，包括网络、Windows Server、Linux Server、虚拟化、网络安全、数据库、企业级高可用技术，学完之后能够在企业 IT 部门独当一面，这么多技术我用了 20 年摸索，你只需一年半掌握。学习本没有捷径，有老师相伴，却可以少走弯路。

我能行，你更行！

关于本套书

为了让视频课程知识体系更完整，同时也为了让每一门课程的内容层次更深入，按照视频课程的原则标准，我精心编写了这套配套图书，它们具有以下几个特点：

- 本套教材是大学生从大学走向企业的 IT 职业化培训教材。
- 本教材配合视频教程，是目前最有效的学习方式。IT 培训机构虽然课程设置尖端，但水平参差不齐而且收费高，给家庭困难的学生造成了巨大的经济负担。通过自学或师傅带徒弟的方式培养出来的企业在职人员，由于理论水平差，不能创造性地分析、解决问题，从而导致事业发展缓慢。

希望本套图书能带您走入精彩的 IT 技术殿堂！

韩立刚

2021 年 2 月

关于本书

我写这本书的目的不只是让你学虚拟机和 Windows 应用技巧，更想让你以本书为起点开启 IT 职业生涯，用我的课程成就你的未来，通过你的努力给自己赢得一个精彩的人生。

本书的地位

看到本书，大家最担心的可能是：我还没参加工作，课程中的各种服务器和网络设备没有办法接触到，只是看书学习岂不成了纸上谈兵？

本书就是让大家在一台计算机上使用 VMware Workstation 搭建学习环境，在一台计算机上同时运行多个 Windows 或 Linux 系统来搭建学习环境。需要你有一台内存 8GB 或 16GB 的计算机，再结合路由器和交换机的模拟软件 eNSP 即能够搭建起学习所需的网络环境和操作系统环境。

所以说学习本书是你步入 IT 领域的第一步，学习完本书你就可以为其他课程随心所欲地搭建实验环境。

相关的收费视频教程

1. VMware Workstation 15.5 的使用：https://edu.51cto.com/course/19913.html

2. 华为模拟器 eNSP 视频教程：https://edu.51cto.com/course/12626.html

3．Windows 10 课程讲解：https://edu.51cto.com/course/10625.html

4．韩立刚老师门徒级课程专题：https://edu.51cto.com/topic/819.html

　　门徒级套餐是一套完整的 IT 运维课程，涵盖了当前主流的 IT 运维技术，共分 7 个阶段：网络、Windows 服务器、Linux 服务器、数据库、虚拟化、网络安全、企业级应用。本套课程旨在把零基础的学员培养成能够在企业中独当一面的 IT 专家。学完本套课程，能够胜任企业信息中心的高薪工作，如管理企业机房中的网络设备、规划企业网、管理服务器、管理数据库、设置网络安全、搭建虚拟化数据中心等。

　　交一次学费，就能成为韩老师的正式学生，终身会员。能够学习全部课程，有老师及时解答工作和学习中的问题，获得韩老师出版的四本书，加入韩老师正式学生群，有百度网盘提供全部课程高清视频下载，提供学习所需软件、PPT、实验环境。

51CTO 学院学生评价

课程目录　　课程介绍　　课程问答　　学员笔记　　**课程评价**　　资料下载

★ ★ ★ ★ ★ 5分　　　　　　　　　　　　　　　　　　　　　　精

韩老师的课还是讲得很清楚的，喜欢听

daiweih　2021-05-29 23:30:48

★ ★ ★ ★ ★ 5分　　　　　　　　　　　　　　　　　　　　　　精

真正的实战派老师，很有收获，谢谢！

gmriwyf　2020-08-29 16:03:41

★ ★ ★ ★ ★ 5分　　　　　　　　　　　　　　　　　　　　　　精

刚刚学完，以前一些不会的东西现在也了解了，很有帮助，一直听韩老师的课

su1257　2020-07-30 08:53:51

★ ★ ★ ★ ★ 5分

看了很多集，本来以为自己一直用虚拟机，已经会很多了，但是看了韩老师的课程才发现，原来还有很多我不知道。额，受益匪浅吧，谢谢了！

比比20

2020-06-23 16:25:44

★ ★ ★ ★ ★ 5分

四个字:受益良多！

★ ★ ★ ★ ★ 5分

老师讲的不错，学到了不少知识，感谢老师，感谢51cto学院。

魅力中国　2020-04-11 14:41:56

★ ★ ★ ★ ★ 5分

韩老师真好，免费好视频，值得学习，作为大学生的我，学习到很多课堂之外的知识。

176103　2020-03-28 22:12:26

★ ★ ★ ★ ★ 5分

韩老师讲的比较细、实用性较强。Workstation虽然使用多年，从没深究过，通过这次学习，解决了以前的许多疑惑。

nsqf　2020-03-20 12:43:28

★ ★ ★ ★ ★ 5分

非常实用，非常感谢

linuxyu　2020-03-04 23:01:41

本书适合谁

- 打算开启 IT 职业生涯的有志青年
- 高校学生
- 企业 IT 从业者

致谢

首先感谢我们的祖国快速发展，各行各业迅猛发展，为那些不甘于平凡的人提供展现个人才能的空间，很庆幸自己生活在这个时代。

互联网技术的发展为每个老师提供了广阔的舞台，感谢 51CTO 学院为全国的 IT 专家和 IT 教育工作者提供教学平台。

感谢我的学生们，正是他们的提问，才让我了解到学习者的困惑，讲课技巧的提升离不开对学生的了解。更感谢那些工作在一线的 IT 运维人员，帮他们解决工作遇到的疑难杂症，也丰富了我讲课的案例。

感谢那些深夜还在网上看视频学习我课程的学生们，虽然没有见过面，却能够让我感受到你那颗怀揣梦想，想通过知识改变命运的决心和毅力。这也一直激励着我，不断录制新课程，编写出版新教程。

本书能够出版发行，感谢中国水利水电出版社万水分社的周春元副总经理，对本书策划和编写提出的指导和建议。

由于作者水平有限，书中错漏之处在所难免，恳请广大读者批评指正。

读者 QQ 群：487167614，韩老师 QQ：458717185。有韩老师和同学相伴，学习不再孤单。

编 者
2021 年 2 月

目　　录

第**1**章
虚拟化技术

本章介绍虚拟化技术以及当前主流的虚拟化技术厂家。在科技日益发达的今天，虚拟化技术在慢慢地走进我们的学习和生活中，熟悉虚拟化技术有助于今后对很多计算机相关技术的学习。虚拟化有很多种类型，常见的有系统虚拟化、基础设施虚拟化、软件虚拟化等。在本书中只介绍系统虚拟化，利用 VMware 公司生产的 VMware Workstation 这个产品就能简单地实现系统虚拟化。

主要内容
- 什么是虚拟化技术
- 虚拟化技术的优点
- 主流的虚拟化厂家

1.1　企业传统机房面临的问题

企业传统机房的服务器通常都是专机专用，一个主机只用于一个主要的服务。如图 1-1 所示，网站服务器、数据库服务器、域控制器、FTP 服务器等都部署到专门的服务器，这样做能够隔离问题，比如网站中了病毒也不会影响到数据库服务器，因此很少在一台主机上安装多个应用服务。

传统机房面临的问题：
- 硬件利用率低。我们在采购服务器时，通常会按照服务器负载最重的情况来选定服务器的硬件配置，但是一般情况下服务器的负载达不到最高，大部分时间里 CPU 利用率不超过 10%，内存利用率不超过 30%，这就意味着有大约 90% 的 CPU 计算能力和 70% 的内存资源在浪费。

图 1-1　传统机房

- 应用程序依赖于硬件。作为企业 IT 部门的负责人最担心的莫过于硬件故障造成服务不可用，比如数据库服务器，硬盘损坏、主板故障都会造成系统启动失败，数据库不能访问。
- 没办法将系统迁移到新的主机。如果单位的主机要被淘汰，买了配置更高的主机，很难将现有主机的操作系统和应用迁移到新的主机。

　　下面要介绍的虚拟化技术能够解决上述问题，目前，大多数企业已经将机房升级到虚拟化平台。本书讲述的虚拟化技术，能够为我们学习计算机网络、Windows Server 2016 和 Linux 等技术，搭建出真实的学习和测试环境。

1.2　虚拟化技术简介

　　虚拟化，是指通过虚拟化技术将一台计算机虚拟为多台逻辑计算机。在一台计算机上同时运行多个逻辑计算机，每个逻辑计算机可运行不同的操作系统，并且应用程序都可以在相互独立的空间内运行而互不影响，从而显著提高计算机的工作效率。

　　如图 1-2 所示，在物理体系结构中，一般是在传统机房中的主机上安装操作系统，再在操作系统之上安装服务或应用程序，操作系统与硬件是绑定的；在虚拟体系结构中，计算机硬件上安装的是虚拟化平台，在虚拟化平台之上再安装操作系统，而在操作系统之上再安装应用程序或服务，其中，操作系统不直接操作计算机硬件，因此位于虚拟化平台中的操作系统，可以方便地拷贝到其他的主机上运行。一台主机上的虚拟机共享该主机的 CPU 和内存资源。

　　虚拟化平台，也就是实现虚拟化的软件，主要有 VMware 公司的 VMware Workstation 和 ESXi，还有微软公司的 Windows Server 2016 和 Windows Server 2019 系统内置的 Hyper-V。本书内容基于 Windows 10，使用 VMware Workstation 来搭建虚拟化平台，在这个虚拟化平台上安装虚拟机以搭建测试和学习环境。VMware Workstation 目前最新版本是 16。

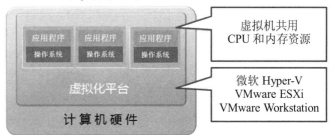

图 1-2　物理体系结构和虚拟体系结构

图 1-3 中列出了物理机和虚拟机的主要区别。

图 1-3　物理机和虚拟机的主要区别

下面介绍虚拟化技术的一些应用场景。

（1）搭建学习和测试环境。我给一个学校讲授微软 SQL 课程，讲课的笔记本是 Windows 10，而讲课所需要的环境是 SQL Server 2016，SQL Server 2016 要安装在 Windows Server 2016 上，于是我就在虚拟机中安装了 Windows Server 2016 和 SQL Server 2016。如果没有用虚拟机搭建教学环境，那么讲这门课程就只能纸上谈兵了。

这个学校的老师当时并不知道还有这种神奇的技术，他们的机房，这学期要讲 Linux，就给所有的计算机安装 Linux，下学期要讲 Windows，就又重新安装 Windows。要是两个班，一个班上机需要 Windows，一个班需要 Linux，这两个班在同一学期上课，那么这个机房就不够用。这个问题一直困扰着学校的课程安排，当看到我使用虚拟机技术来讲 SQL Server 2016 的课程后，才知道使用虚拟机可以完美解决他们面临的实际问题。结果我在讲完 SQL Server 2016 后，又花了半天时间专门为该学校的老师讲了虚拟机的使用。

（2）服务器迁移到新的主机。华能电厂的邮件服务器是在 2000 年部署的，运行到 2008 年时那个服务器的硬件配置太低，不能满足要求了，就购买了一台新的主机，现在需要把现有的邮件服务器迁移到新的服务器上，需要迁移用户邮箱、账户、密码和邮件服务器的全部配置，这就太难了。幸好虚拟化技术提供了将物理机抓取到虚拟机（PtoV）的工具，抓取的虚拟机和物理机一模一样，这样我们在新的主机上运行虚拟机即可。

（3）升级前测试。某家医院的域控制器是 Windows Server 2003，邮件系统是 Exchange 2003，现在需要升级域控制器为 Windows Server 2008 R2，Exchange 升级到 Exchange 2010，在升级过程中遇到错误，医院的网管不敢轻举妄动，打电话找我，让我想办法升级。其实我也没有把握给他升级成功，若是直接去现场做升级，如果升级失败就会影响医院几百台计算机的使用，这影响就大了。怎么办呢？

突然想起虚拟化技术，于是我让医院的网管把现在的域控制器和邮件服务器抓取到虚拟机中，将虚拟机拷贝到移动硬盘寄过来。收到虚拟机后我就做快照，在我的笔记本电脑上运行虚拟机，开始各种测试，测试失败了就恢复到快照重新开始，经过一周的努力，终于找到解决问题的办法，然后胸有成竹地去了现场，一天完成升级。要是没有虚拟机的测试，我可不敢在没有把握的情况下在生产环境中做修改。

（4）虚拟机作临时服务器。某上市公司每个月需要使用报表服务器产生这个月的报表，如果购买一个主机安装报表服务器，有点太浪费，因为每个月就用一天，我就把这个报表服务器安装在虚拟机中，只在需要时运行虚拟机，不需要时关闭虚拟机，该报表服务器就不需再占用新的硬件资源。

（5）使用虚拟机作物理机的备份。某公司的办公网站在物理机上运行，该网站是其他公司开发部署的，公司的网管不知道如何配置，特别担心服务器硬件出问题，于是我就建议他使用虚拟化技术将该服务器从物理机抓取到虚拟机，一旦物理机出现问题，直接运行虚拟机顶替物理机。

1.3　主流的虚拟化软件

适合于企业级使用的虚拟技术厂商主要有三个：VMware、Citrix、微软公司。

VMware 公司是全球从桌面到数据中心虚拟化解决方案的领导厂商。Citrix，即美国思杰公司，是一家致力于云计算虚拟化、虚拟桌面的高科技企业。微软公司把虚拟技术集成在 Windows Server 2008、2012、2016、2019 系统之内，可实现服务器虚拟化。

三个厂商对应的较成熟的产品分别是 VMware ESXi、Xenserver、Hyper-V，都是裸机虚拟化。VMware ESXi 的重点是服务器虚拟化，技术较成熟，功能也多，支持的虚拟系统多；Xenserver 的重点是桌面虚拟化，性价比高，网络性能好，适用于快速与大规模部署，支持的系统也不少，但做桌面能发布出来的只有微软系统；Hyper-V 起步最晚，属于服务器级的，Windows Server 2008、2012、2016、2019 版自带虚拟功能，虽然起步较晚，但因为和微软操作系统和域有很好的集成，因此在企业中有广泛的应用。

第2章

虚拟机的安装

本章将展示如何在物理机上安装 VMware Workstation 虚拟化软件，然后再创建虚拟机，最后在虚拟机中安装操作系统。若无特别说明，本书截图均是在虚拟机中完成的。

主要内容

- 获取 VMware Workstation
- 学习所需硬件和软件环境
- 在物理机上安装虚拟机软件
- 在虚拟机中安装操作系统
- 在虚拟机中安装 VMware Tools

2.1　获取 VMware Workstation

要想下载最新的 VMware Workstation，可以访问 VMware 公司官网（http://www.VMware.com/cn）下载，如图 2-1 所示，单击下载标签下的 Workstation Pro。

下载软件需要注册账户，如果你不想注册，就使用我注册的账户"onesthan@hotmail.com"，密码为"P@ssw0rd"，这个账户主要为了方便读者使用，各位不要更改密码，如图 2-2 所示。

选择要下载的版本，下载能够在 Windows 上使用的 VMware Workstation，单击"转至下载"，如图 2-3 所示。

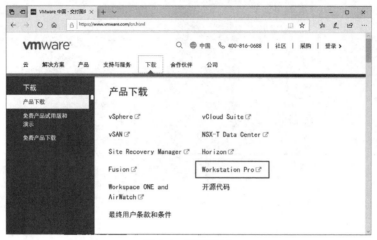

图 2-1　下载链接

图 2-2　登录或注册账户

图 2-3　选择要下载的版本

2.2　学习所需硬件和软件

学习本书内容，由于需要在一个计算机上运行多个虚拟机，因此需要一个配置高一些的笔记本或台式机，尤其是对于内存的需求，最少 4GB，多多益善。要想学习后面的 Windows Server 2012 或 Windows Server 2016 课程，建议内存 16GB。我给大家讲课使用的是戴尔笔记本电脑，两条 8GB 内存，八核 CPU，如图 2-4 所示。安装的操作系统是 Windows 10 企业版 64 位系统，如图 2-5 所示，如果安装 32 位 Windows 10 最多能够识别 4GB 内存。

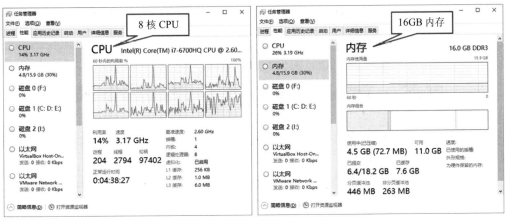

图 2-4　内存和 CPU

图 2-5　Windows 版本和系统类型

最好不要从网上下载电脑装机版的 Windows 7 或 Windows 10，比如番茄花园 GHOST WIN10 SP1 64 位旗舰版、雨林木风 GHOST WIN10 SP1 64 位旗舰版，这类操作系统通常是在家庭版系统之上重新封装的操作系统，系统做了更改或预装了一些软件，安装之后你会发现很多乱七八糟的软件也一起安装上了，并可能会包含木马或病毒。由于这些系统的版本主要是针对家庭用户的，其中 Windows 的一些功能禁用了，这将会造成我们做实验时出现一些莫名其妙的问题。

要想下载干净的微软操作系统，可访问网站 http://msdn.itellyou.cn，大家可以看到该网站提供了微软几乎全部的服务器和操作系统。如图 2-6 所示，单击"操作系统"→"Windows 10"→"中文-简体"，再单击"Windows 10 Enterprise LTSC 2019 (x64) - DVD (Chinese-Simplified)"右侧的"详细信息"，复制下载链接，再使用迅雷下载，如图 2-7 所示。

图 2-6　下载 64 位 Windows 10

图 2-7　使用迅雷下载

Windows 10 有很多版本，其中 Windows 10 Home 是针对家庭用户的。而我们在学习的过程中需要用到 Windows 10 的很多企业级功能，因此一定要安装 Windows 10 Enterprise（企业版）或 Windows 10 Professional（专业版）。

计算机在默认状态下，虚拟化支持功能是禁用的，现在 Intel 和 AMD 的 CPU 大都支持虚拟化技术，因此在安装虚拟机软件之前，需要重启笔记本并设置 BIOS，以开启 CPU 的虚拟化支持。戴尔的笔记本启动时按 F2 键进入 BIOS 设置，如图 2-8 所示，在 Advanced 标签下设置 Intel Virtualization Technology 为 Enabled，保存后退出。

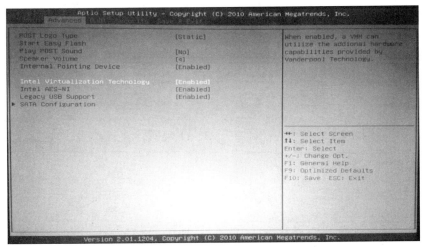

图 2-8　启用 CPU 虚拟化支持

2.3　安装 VMware Workstation

以 VMware Workstation 16 为例来演示虚拟化软件的安装过程。

Step 1 双击 VMware Workstation 安装文件，出现安装向导对话框，单击"下一步"按钮。

 注释： 如果你的物理机是 32 位操作系统，那么请用 VMware Workstation 10，因为 16 版本不支持 32 位操作系统。

Step 2 在出现最终用户许可协议对话框后，选中"我接受许可协议中的条款"，单击"下一步"按钮。在自定义安装对话框中可以更改安装位置，然后单击"下一步"按钮，如图 2-9 所示。如图 2-10 所示，在出现用户体验设置对话框后，单击"下一步"按钮。

Step 3 如图 2-11 所示，在出现快捷方式对话框后，单击"下一步"按钮。

Step 4 如图 2-12 所示，在出现已准备好安装 VMware Workstation Pro 对话框中，单击"安装"按钮。

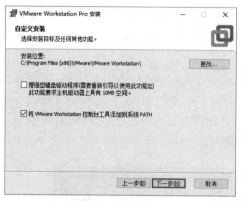

图 2-9　自定义安装

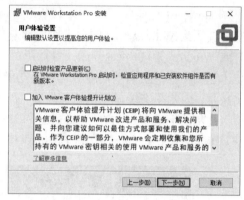

图 2-10　用户体验设置

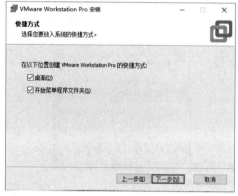

图 2-11　创建快捷方式

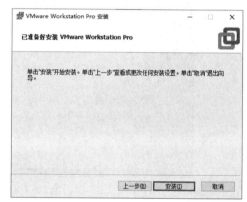

图 2-12　开始安装

Step 5　出现如图 2-13 所示的界面时填上许可证（产品）密钥，再单击"输入"按钮（也可以单击"跳过"按钮，待安装好虚拟机软件之后再输入密钥）。

Step 6　出现如图 2-14 所示的界面，则表明虚拟机软件已安装成功。

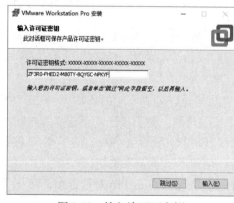

图 2-13　输入许可证密钥

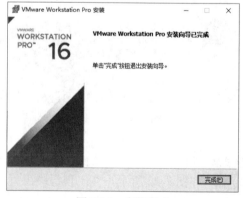

图 2-14　安装完成

2
Chapter

安装完成后，在计算机桌面上将会有 图标。

Step 7 如果安装过程中跳过了序列号的输入，安装后也可以再输入，如图 2-15 所示，单击"帮助"→"输入许可证密钥"命令，在弹出的对话框中输入序列号，然后单击"确定"按钮。

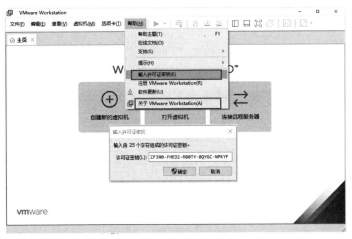

图 2-15　输入许可证密钥

Step 8 要想查看 VMware Workstation 的版本，则单击"帮助"→"关于 VMware Workstation"命令，即可看到你的虚拟机软件版本。图 2-16 所示是我安装的 VMware Workstation 的版本。

图 2-16　查看 VMware Workstation 的版本

2.4 在虚拟机中安装 Windows 10 操作系统

安装 VMware Workstation 16 以后，要想使用虚拟机，还需要创建虚拟机，在虚拟机中安装我们需要的操作系统，下面就来演示如何创建虚拟机并在虚拟机中安装 Windows 10 操作系统，在虚拟机中安装操作系统的过程和在物理机中安装没有什么区别。

2.4.1 创建新的虚拟机

Step 1 打开 VMware Workstation 16，单击"创建新的虚拟机"，如图 2-17 所示。

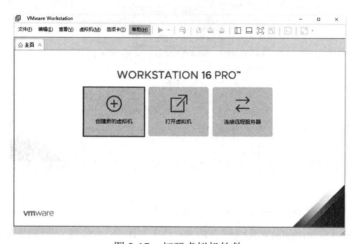

图 2-17 打开虚拟机软件

Step 2 在弹出的对话框中，选择"自定义（高级）"，单击"下一步"按钮，如图 2-18 所示。

图 2-18 新建虚拟机向导

Step 3 在出现的如图 2-19 所示的界面中，选择默认的 Workstation 16.x（图中未列出）。

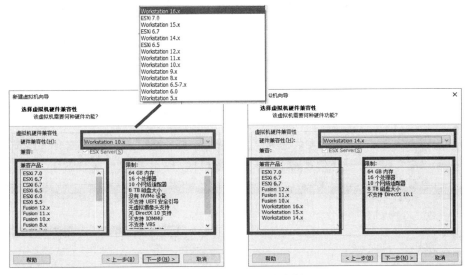

图 2-19　虚拟机硬件兼容性

所选的硬件兼容性不同，兼容的产品和限制的情况一般来说也会有所不同，根据自己的需要来选择适当的硬件兼容性，比如你的虚拟机要在 Workstation 10.0 上运行，那你就不能选择 Workstation 14.0 的硬件兼容性。

 注释：在图 2-19 所示的界面中单击"硬件兼容性"下拉列表框，可以看到有很多选项。在这里列出的是 Workstation 14.0 和 Workstation 10.0 的硬件兼容性的区别，以便大家清楚地了解这个硬件兼容性的作用，"限制"中的内容指硬件支持的情况。

Step 4 在图 2-20 所示的界面中选择"稍后安装操作系统"，然后单击"下一步"按钮。

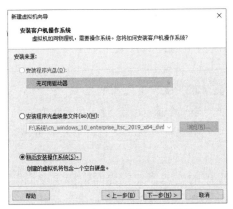

图 2-20　安装客户机操作系统

注释：图 2-20 是要我们选择是否现在安装操作系统，如果你把 Windows 10 的安装盘放进物理光驱，那么可以选择物理光驱进行安装，也就是图中安装来源中的"安装程序光盘"。由图可见，我们也可以选择映像文件进行安装，只需把映像文件的路径填入其中即可，当然，这个路径也可以在创建好虚拟机之后再添加。

Step 5 出现如图 2-21 所示的界面，按图中所示选择即可，然后单击"下一步"按钮。

 注释：如果你的物理机安装的操作系统是 64 位的 Windows 10，那么你的虚拟机可以安装 32 位或 64 位系统，如果你的物理机安装的是 32 位操作系统，那么你的虚拟机最好也安装 32 位系统。

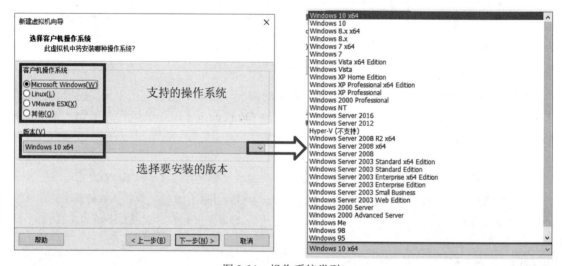

图 2-21　操作系统类型

Step 6 在如图 2-22 所示的界面中指定虚拟机的名称和虚拟机的安装位置，单击"下一步"。在如图 2-23 所示的窗口中选择固件类型。

 注释：安装虚拟机的位置一定要有足够的空间，一个 Windows 10 安装完成后需占用 10GB 左右空间。每一个虚拟机最好占用一个独立的文件夹。若以后打算把安装好的虚拟机拷贝到其他计算机上运行，直接拷贝该文件夹即可。

Step 7 如图 2-24 所示，在出现的处理器配置界面中指定虚拟机能够使用的 CPU 数量和每个 CPU 的核心数量，保持默认，单击"下一步"按钮。

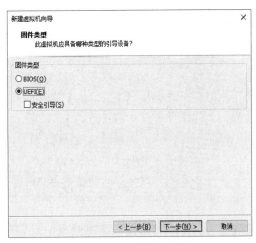

图 2-22　虚拟机的命名和安装位置　　　　　　图 2-23　选择固件类型

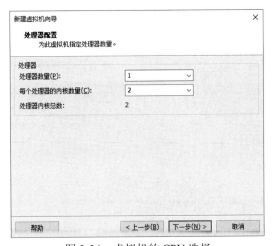

图 2-24　虚拟机的 CPU 选择

注释：处理器数量和每个处理器的核心数量是在物理机能支持的情况下选择的，例如你的物理机是双核 CPU，那么你可以选择 2 个处理器和 1 个处理器核心数量，或者 1 个处理器和 1 个处理器核心数量，也就是说这两者的乘积不能超过 2，这是你的物理机能支持的最大额度，如果超过这个额度你的虚拟机可能不能开启。如果你的物理机性能特别好，是 4 核的 CPU，那么处理器数量和处理器的核心数量乘积不能大于 4。

Step 8　如图 2-25 所示，在出现的虚拟机内存界面中指定虚拟机内存为 2048MB（默认），单击"下一步"按钮。

注释：图 2-25 左边框起来的滑动按钮是用来调节内存大小的，安装系统时可将内存大小以默认值为基础适当调大，最好是小于物理机的内存，这样安装的速度快，安装完成之后内存可以调小，以免占用太多物理内存，但是内存不能调得太小，太小会导致虚拟机不能开机。内存大小是 4 的倍数，因此如果你要在右边框起来的位置输入内存的大小，那么你输入的这个数应是 4 的倍数。

如果你的物理机有 8GB 内存，则建议虚拟机使用 2GB 内存，如果你打算同时使用两个 Windows 10 虚拟机，则每个虚拟机可以用 2GB 内存，总之要掌握一个原则，即给你的物理机留下足够的内存。

Step 9　按图 2-26 所示，选择网络连接方式，然后单击"下一步"按钮。

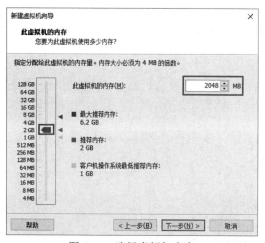

图 2-25　选择虚拟机内存

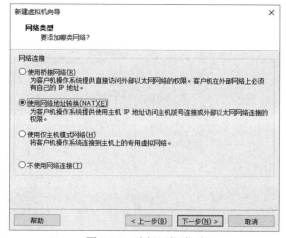

图 2-26　选择网络类型

 注释：后面的章节中我们会着重讲解网络连接，此处只需选择 NAT 即可。

Step 10　如图 2-27 所示，选择 I/O 控制器类型，默认即可，单击"下一步"按钮。

Step 11　如图 2-28 所示，在弹出的"选择磁盘类型"对话框中选择 NVMe（推荐），单击"下一步"。

 注释：IDE 接口的磁盘，加上光驱最多能够连接 4 块硬盘。SCSI 接口的硬盘没有这个限制，如果你打算在虚拟机中安装 Windows XP，只能选择 IDE 接口的磁盘，否则安装时会提示找不到硬盘。NVMe 是通过 PCI Express 总线将存储连接到服务器的接口规范，它可使 SSD（固态硬盘）与主机系统通信的速度更快。

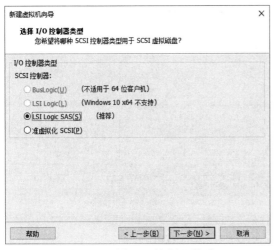

图 2-27　选择 I/O 控制器类型

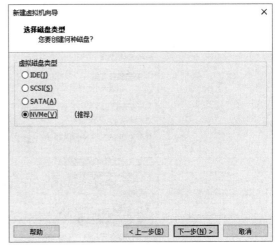

图 2-28　选择磁盘类型

Step 12　如图 2-29 所示，选择"创建新虚拟磁盘"，单击"下一步"按钮。

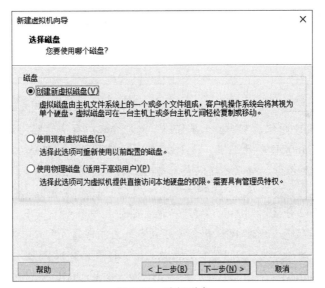

图 2-29　选择磁盘

　注释：在虚拟机中，一个硬盘就是一个 vmdk 文件。如果从一个安装好系统的虚拟机中将 vmdk 文件拷贝出来，则可以使用这个 vmdk 文件创建虚拟机，此时在图 2-29 中选择"使用现有虚拟磁盘"即可，此时这个虚拟机就不用再次安装系统了。后面会演示如何使用 vmdk 创建一个新的虚拟机。

2 Chapter

Step 13 按图 2-30 所示进行选择，指定磁盘大小为 160GB，单击"下一步"按钮。

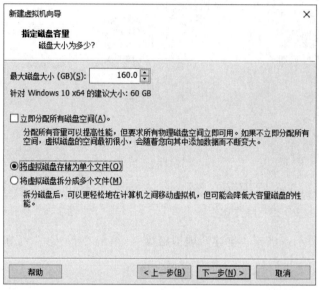

图 2-30 选择磁盘容量

注释： 磁盘大小选择 160GB，并不是说立即占用 160GB 磁盘空间，而是说最大能占用 160GB 的磁盘空间。如果你将"立即分配所有磁盘空间"勾选上，在物理磁盘只有 160GB 的情况下，这 160GB 磁盘空间将会全部分配给这个虚拟机，如果没有当然不行，所以不建议大家勾选上这个选项。

如果你的磁盘分区是 NTFS 分区，则选择"将虚拟磁盘存储为单个文件"；如果是 FAT32 分区，则选择"将虚拟磁盘拆分成多个文件"。FAT32 文件系统一个文件最大 4GB，超过 4GB 就会被分成多个文件存储。

文件系统的分类：NTFS（Windows），支持最大分区 2TB，最大文件 2TB；FAT16（Windows），支持最大分区 2GB，最大文件 2GB；FAT32（Windows），支持最大分区 128GB，最大文件 4GB。

Step 14 如图 2-31 所示，在出现的磁盘文件对话框中指定磁盘文件的名称，单击"下一步"按钮。

Step 15 如图 2-32 所示，表明我们的虚拟机已经创建完成了，单击"完成"按钮。

图 2-31　指定磁盘文件

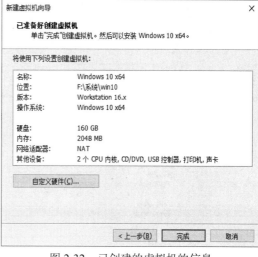

图 2-32　已创建的虚拟机的信息

> **注释**：创建好虚拟机之后，打开 F:\系统\win 10，可见从我们的物理机看来，虚拟机是由一个一个的文件组成的，而在虚拟机自己看来，它就是一个未安装操作系统的裸机，图 2-33 中后缀名为.vmdk 的文件就是虚拟磁盘文件，相当于物理机使用的硬盘，因此我们在虚拟机中安装文件会扩大此虚拟磁盘文件。

图 2-33　虚拟机文件

扩展名为 vmx 的文件是虚拟机配置文件，可以使用记事本打开并编辑其中的配置。需要打开虚拟机时单击该文件即可。

2.4.2　在虚拟机中安装 Windows 10

虚拟机创建好了，相当于新"买"了一台计算机，这台计算机需要在安装系统后才能使用。我们以安装 Windows 10 为例进行讲解，其他系统的安装与 Windows 10 的安装大同小异。

Step 1 创建好虚拟机后也可以对硬件进行更改，去除不用的硬件虚拟机运行会更快。如图 2-34 所示，单击"编辑虚拟机设置"。

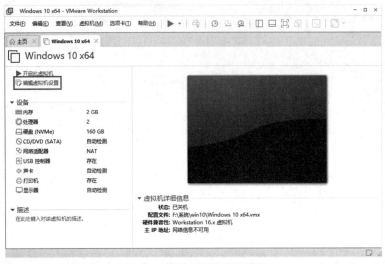

图 2-34 编辑虚拟机硬件设置

Step 2 如图 2-35 所示，在弹出的"虚拟机设置"对话框中选择"声卡"，单击"移除"按钮，再选择"打印机"，单击"移除"按钮，最后单击"确定"按钮。因为我们不需要在虚拟机中播放音乐、打印，所以这些硬件可以删除。

图 2-35 虚拟机设置

注释：USB 控制器也可以按需移除。如果你的虚拟机有 USB 控制器，当虚拟机在开启状态下向物理机中插入 USB 设备时，首先识别 USB 设备的是虚拟机，若在虚拟机中更改一下设置，物理机还是能第一时间识别出 USB 设备的。如果你删了之后又要使用这个设备，可以单击"添加"按钮来添加这个设备。在这里还可以更改虚拟机的内存大小和硬盘大小，单击"内存"，在右边做相应的更改即可。

Step 3　现在安装 ISO 映像文件，如图 2-36 所示，单击"浏览"按钮，出现如图 2-37 所示的窗口，从中找到映像文件在物理机中的位置，再单击"打开"按钮，这样映像文件就安装好了。

图 2-36　虚拟机设置

图 2-37　选择映像文件

Step **4**　准备工作都做好了之后单击"开启此虚拟机"，如图 2-38 所示。

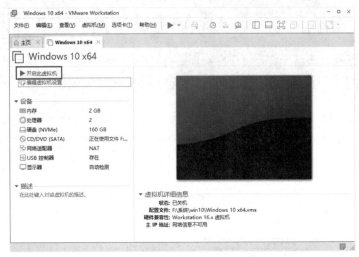

图 2-38　打开虚拟机

注释：打开之后进入到安装界面，如果之前没有安装过这个系统，直接单击"开启此虚拟机"进入到安装界面即可。如果你的虚拟机之前安装好这个系统了，想升级系统或者重装系统，那么可以开机就进入 BIOS 设置，如图 2-39 所示。也可以在虚拟机开启的过程中按 F2 键进入 BIOS 设置（注意此方式要求鼠标一定要单击虚拟机开机界面，单击之后光标会消失，此时再按 F2 键才能进入 BIOS 界面，完成之后系统自动开机进入 BIOS 界面），将开机启动方式改为从光驱启动，如图 2-40 所示，按左右键调整选项，按+或-键调整启动顺序。设置完成后按 F10 键，再按 Enter 键保存并退出，有些笔记本电脑需要按 Fn+F10 组合键才行。

图 2-39　打开电源时进入固件

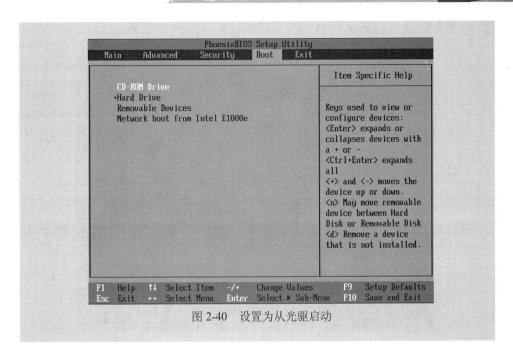

图 2-40　设置为从光驱启动

Step 5　开机之后稍等片刻进入安装界面，后面的步骤跟我们重装系统大同小异，如图 2-41 所示，单击"下一步"按钮。

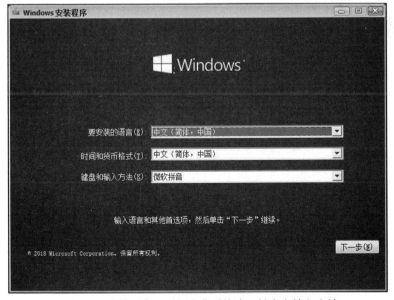

图 2-41　选择语言、时间和货币格式、键盘和输入方法

Step **6**　如图 2-42 所示，单击"现在安装"按钮。

图 2-42　安装 Windows 10

Step **7**　如图 2-43 所示，勾选"我接受许可条款"，再单击"下一步"按钮。

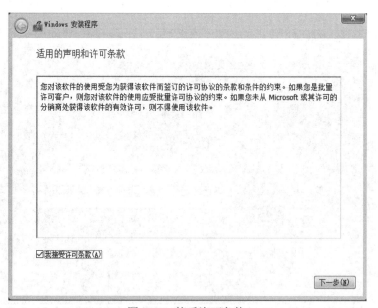

图 2-43　接受许可条款

Step **8**　如图 2-44 所示，我们选择"自定义"安装。

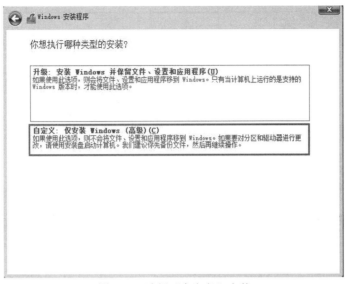

图 2-44 选择"自定义"安装

Step 9 我们将这 160GB 的空间进行分区，如图 2-45 所示，单击"新建"按钮。

图 2-45 创建分区

 注释：如果不分区，那么这 160GB 将全部作为系统盘 C 盘处理。

Step 10 在如图 2-46 所示的界面中将 C 盘大小指定为 80GB（80000MB），单击"应用"按钮。

Step 11 在如图 2-47 所示的界面中单击"确定"按钮。

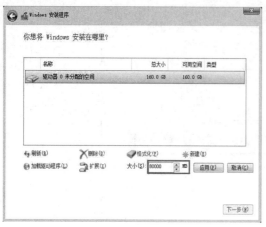

图 2-46　指定分区的大小

图 2-47　创建系统保留分区

注释：系统保留分区是把 Windows 10 启动管理器的相关文件单独保存在这个分区里，这个分区不是必需的。如果想继续分区，那么可以单击图 2-48 中的"未分配空间"，跟上述分区方法一样操作即可。也可以等系统安装完毕之后再把剩下的磁盘空间分区。

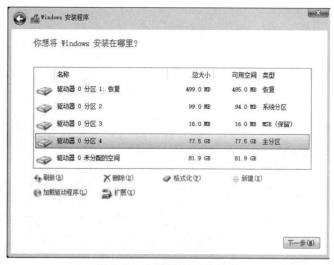

图 2-48　创建分区后的界面

Step 12　单击"下一步"按钮，弹出如图 2-49 所示的界面，耐心等待安装。

注释：只能创建 4 个主分区。当然这些操作都可以在安装完操作系统之后再去完成，分区完成后用鼠标单击你想要 Windows 10 系统的安装位置即可。

出现如图 2-50 所示的界面时表明我们的操作系统快要安装成功了。

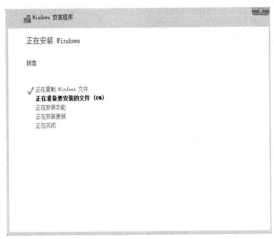

图 2-49　安装开始界面

图 2-50　安装即将完成界面

Step 13　安装完成后，系统会自动重启，进入准备就绪界面。至此，系统的安装已经完成了一大半，接下来将进行一些简单的配置，选择默认即可。在账户界面，输入用户名，如图 2-51 所示。

图 2-51　输入用户名

Step 14　如图 2-52 所示设置用户密码，也就是你开机进入桌面的密码，并确认你的密码，如图 2-53 所示。也可以不设置而直接单击"下一步"按钮。

Step 15　接下来大概需要几分钟时间处理一些事情，请不要关闭电脑。当进入如图 2-54 所示的界面时，表明我们的系统已经安装好了。

图 2-52　输入密码

图 2-53　确认密码

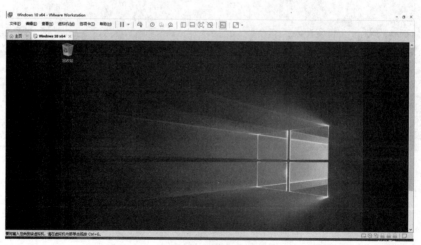

图 2-54　安装完成

注释：Windows 10 x64 是指本书安装的是 64 位的 Windows 10 操作系统。可以在"虚拟机"→"设置"→"选项"→"常规"→"虚拟机名称"中修改虚拟机的名称。在以后的内容中，没有特别说明，Windows 10 x64 将简写为 Windows 10。

注释：如果开启已创建好的虚拟机，却出现图 2-55 所示的提示，就需要进入物理机的 BIOS 设置，然后将物理机的虚拟化功能开启。

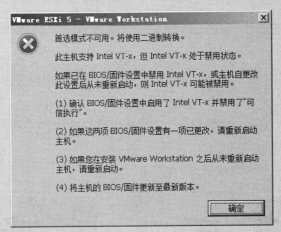

图 2-55　开启虚拟机出现错误

若开启使用过的虚拟机出现提示"此虚拟机似乎正在使用中"，则只需将该虚拟机文件中后缀名为.lck 的文件删除再启动虚拟机即可，如图 2-56 所示。

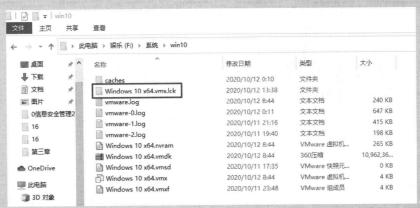

图 2-56　删除.lck 文件

2.4.3 安装 VMware Tools

安装 VMware Tools 是更流畅地使用虚拟机的一个必不可少的步骤。安装完 VMware Tools 后我们能用到的几大功能如下：

- 支持安装不同虚拟机的相应的硬件驱动，如果你安装的是 Windows 操作系统，那么在你安装了 VMware Tools 这个文件之后就有相应的驱动来使你的操作系统运行得更快，如果你安装的是 Linux 操作系统，VMware Tools 也会有相应的驱动使其运行更快。
- 支持在物理机和虚拟机或者虚拟机和虚拟机之间复制、粘贴。
- 支持虚拟机和物理机时钟同步，不论你虚拟机里的时间比物理机时间快还是慢，都可以进行时钟同步。
- 支持单击"关机"按钮计算机能正常关机。
- 支持虚拟机中的显卡驱动更新，使虚拟机的窗口能适应客户机。

下面就来演示安装 VMware Tools 的步骤。

Step 1 打开虚拟机，单击"虚拟机"→"安装 VMware Tools"命令，如图 2-57 所示。

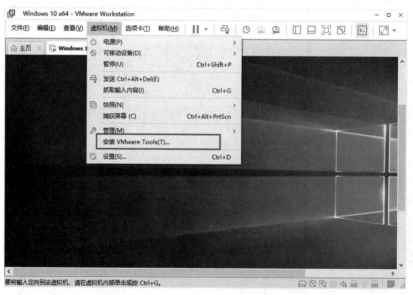

图 2-57 选择"安装 VMware Tools"命令

 注释： 安装之前可以把虚拟机中的用户账户控制设置（控制面板→用户账户→更改用户账户控制设置）更改成"从不通知"，这样在执行相应操作时就不会出现询问框。

Step 2 稍等片刻会弹出一个安装框,单击"运行 setup64.exe",如图 2-58 所示。

图 2-58　安装 VMware Tools

Step 3 打开虚拟机设置,可以看到 CD/DVD 已经将 VMware Tools 的安装 ISO 文件加载到光驱,如图 2-59 所示。

图 2-59　查看 VMware Tools 映像文件

注释： 当单击"安装 VMware Tools"时，实际上是运行如图 2-60 所示的映像文件之一，此处为 windows.iso 文件，这个映像文件就是 Windows 的 VMware Tools 文件。如果单击"安装 VMware Tools"后没有弹出图 2-58 所示的安装框，可以直接将 windows.iso 文件加载到光驱，我的 VMware Tools 工具路径为 C:\Program Files (x86)\VMware\VMware Workstation\，大家可以看到不同系统的 VMware Tools 的 ISO 文件，如图 2-60 所示。

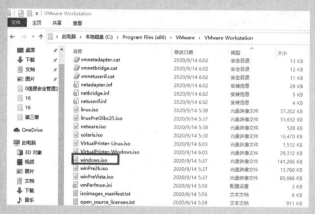

图 2-60　VMware Tools 映像文件

如果单击"安装 VMware Tools"之后图 2-58 所示的安装框没有出现在桌面上，则在虚拟机中单击"此电脑"，出现图 2-61 所示的界面，单击用方框框出的图标即可安装 VMware Tools。

图 2-61　VMware Tools 光驱

安装了纯净的 Windows 10 系统后，桌面上只有回收站的图标。激活系统后在桌面空白处右键单击并选择"个性化"→"主题"→"桌面图标设置"，在弹出的对话框中勾选你需要的桌面图标，然后单击"确定"按钮即可在桌面上显示计算机的图标。

Step **4**　如图 2-62 所示，开始进入安装界面。

图 2-62　安装 VMware Tools

Step **5**　如图 2-63 所示，单击"下一步"按钮。

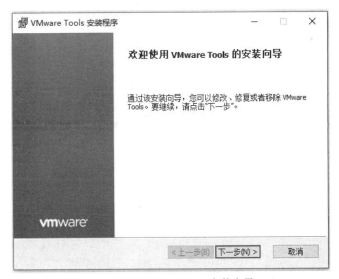

图 2-63　VMware Tools 安装向导

Step **6**　在图 2-64 所示的界面中直接单击"下一步"按钮。

Step **7**　在图 2-65 所示的界面中单击"安装"按钮。

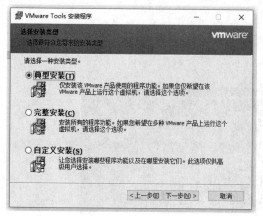

图 2-64 选择安装类型

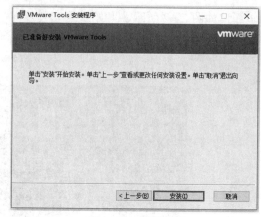

图 2-65 安装确认

Step **8** 如图 2-66 所示，VMware Tools 正在安装。

Step **9** 如图 2-67 所示，VMware Tools 安装完成。

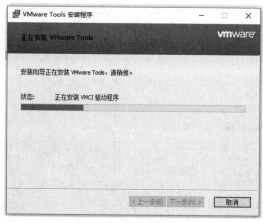

图 2-66 进入安装界面

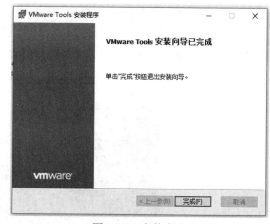

图 2-67 安装完成

Step **10** 安装完成之后需要重启计算机，如图 2-68 所示，单击"是"按钮重启计算机。

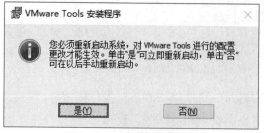

图 2-68 重启虚拟机

2.4.4 验证 VMware Tools 的功能

现在介绍一下安装完该软件后虚拟机的变化，这里仅列出几个明显的改变。

（1）安装完 VMware Tools 后鼠标明显比之前要"灵活"。

（2）图 2-69 是安装了 VMware Tools 后的显示器和分辨率，图 2-70 是未安装 VMware Tools 的显示器和分辨率。

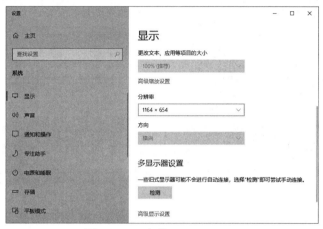

图 2-69　已安装 VMware Tools

图 2-70　未安装 VMware Tools

（3）现在大家可以试着从物理机中复制一个文件并粘贴到虚拟机里，或者从物理机拖曳一个文件到虚拟机里，这都是可以的，而且现在鼠标可以在物理机和虚拟机之间平滑地移动，不需要 Ctrl+Alt 组合键来控制光标移出虚拟机。

（4）支持物理机与虚拟机时钟同步，例如将虚拟机中的时间改成 2020/5/1 12:00，此时物理机的时间为 2020/10/13 18:19，如图 2-71 所示。

图 2-71　虚拟机与物理机的时间

在虚拟机中打开"服务"，找到 VMware Tools 服务，单击"重启动此服务"，如图 2-72 所示。

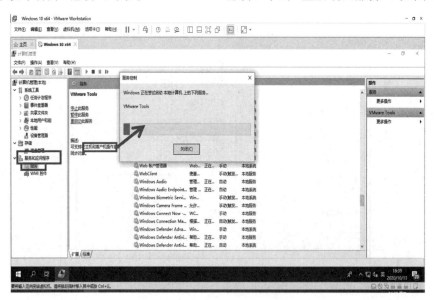

图 2-72　重启服务

执行了上述步骤之后会看到物理机与虚拟机时钟同步了，这里就不再截图了，请读者自行观察变化。如果不运行 VMware Tools，时钟也会同步，只不过要等较长的时间。

2
Chapter

注释：右键单击"此电脑"图标，选择"管理"→"服务和应用程序"→"服务"即可打开如图 2-72 所示的界面。

（5）支持 Unity 功能，可以使虚拟机中打开的窗口出现在物理机中。在虚拟机中随便打开一个文档，这里我们以记事本为例，如图 2-73 所示。

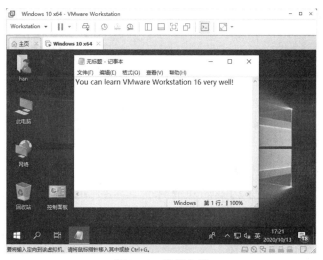

图 2-73　编辑文档

单击"查看"→"Unity"命令，如图 2-74 所示。

图 2-74　使用 Unity

如图 2-75 所示是单击 Unity 之后在物理机中运行的记事本，有一个虚拟机标志。如果想退出该模式，则打开虚拟机，然后单击"退出 Unity 模式"，如图 2-76 所示。

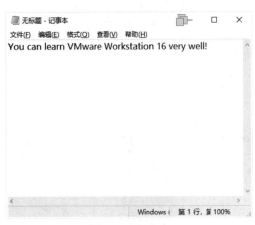

图 2-75　记事本

图 2-76　退出 Unity 模式

安装完 VMware Tools 后，屏幕能自动适应客户机的大小。

如图 2-77 所示，虚拟机适应了客户机的大小。当客户机屏幕缩小了之后，单击"立即适应客户机"即可调整虚拟机屏幕的大小。也可以单击"全屏"，让虚拟机的窗口大小和物理机窗口一样大。或者按 Ctrl+Alt+Enter 组合键进入全屏，再按 Ctrl+Alt+Enter 组合键退出全屏。

图 2-77　让虚拟机全屏显示

第**3**章

虚拟机的网络设置

VMware Workstation 可以让我们在一台计算机上创建多个虚拟机,我们在学习和搭建测试环境时,可能将这些虚拟机的 IP 地址设置成不同的网段,这就需要借助虚拟机软件中的虚拟交换机来实现。安装 VMware Workstation 16 后,如果在物理机上创建 20 个虚拟交换机,那么每一个虚拟交换机就代表着一个网段,也就是一个 VMnet。

为了学习方便,我们可以根据需要使用虚拟交换机,虚拟交换机可以设置成桥接模式、仅主机模式、NAT 模式和自定义网络,本章就来讲解这些模式的区别和应用场景。

主要内容

- 规划虚拟机的网络和网段
- 配置仅在虚拟机之间的通信
- 配置虚拟机只与物理机通信(仅主机模式)
- 介绍公网地址、私网地址和 NAT 技术
- 掌握虚拟机使用桥接、NAT、Windows 连接共享上网的方法
- 了解虚拟机为什么不能使用桥接的方式上网以及解决此问题的方法
- 掌握在 NAT 和 Windows 连接共享上网的方式中配置端口映射的方法
- 掌握与 eNSP 结合来搭建网络环境

3.1 虚拟交换机和地址规划

很多人使用 VMware Workstation 很长时间之后也搞不清虚拟机网络的设置,即便偶尔设置虚拟机使得它们之间能够通信,也不能真正理解内在的原理是什么。在以后学习各种网络技术时都需要搭建相应的实验网络环境,所以有必要彻底搞清楚虚拟机的网络配置相关技术,为后期学习 IT 技术打下坚实的基础。

3.1.1 查看虚拟交换机

安装完 VMware Workstation 16 软件后,物理机中可以出现 20 个虚拟交换机(在需要时添加),这些交换机彼此独立,互不连接,每一个虚拟交换机有一个编号：VMnet0～VMnet19,共 20 个。

如图 3-1 所示，虚拟机 VM2 和 VM3 连接到 VMnet1 交换机上，此时只要 VM2 和 VM3 计算机的 IP 地址设置成位于同一个网段就能通信，虚拟机 VM1 和 VM4 连接到了不同的交换机，即便 IP 地址设置成同一个网段也不能通信，也就是说，连接到不同虚拟交换机的虚拟机之间是不能直接通信的。

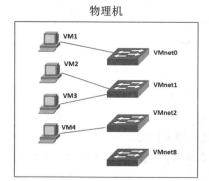

图 3-1　一个 VMnet 就是一个虚拟交换机

现在就来看看这些虚拟交换机，并给大家演示一下如何将虚拟机连接到指定交换机。

Step 1　如图 3-2 所示，先找到虚拟网络编辑器的位置。

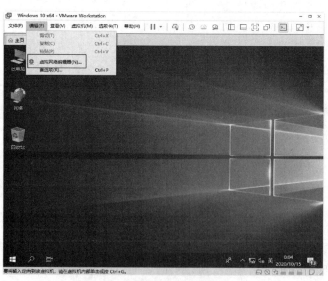

图 3-2　虚拟网络编辑器

Step 2　如图 3-3 所示，可以看到有两个虚拟交换机 VMnet1 和 VMnet8，单击"更改设置"
按钮。

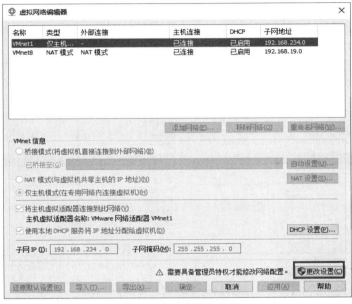

图 3-3　查看虚拟交换机

Step 3　如图 3-4 所示，单击"添加网络"按钮。

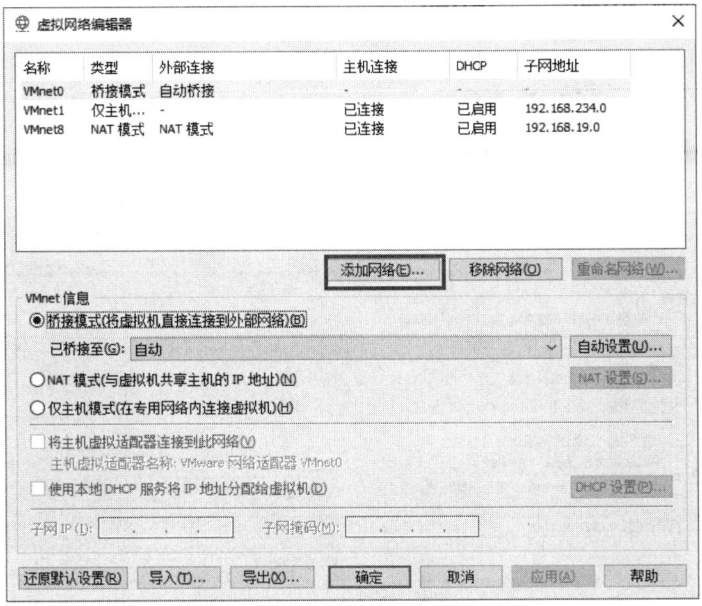

图 3-4　网络类型

Step **4** 如图 3-5 所示，选中 **VMnet2**，单击"确定"按钮添加一个虚拟网络。

图 3-5 可用的虚拟交换机

 注释：VMnet0 在添加 VMnet2 之前已经添加了。

Step **5** 如图 3-6 所示，添加的虚拟交换机 VMnet2 的类型为"仅主机模式"。

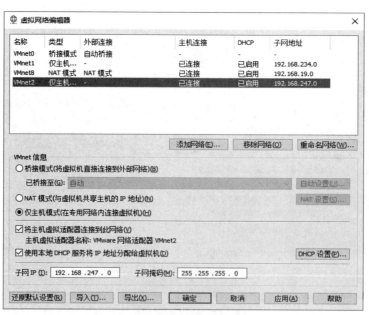

图 3-6 新添加的交换机

Step 6　我们可以把虚拟机连接到指定的虚拟交换机上。在更改网络设置之前请确保你的计算机不是处于挂起状态，在如图 3-7 所示的情况下是不能更改虚拟机硬件设置的。

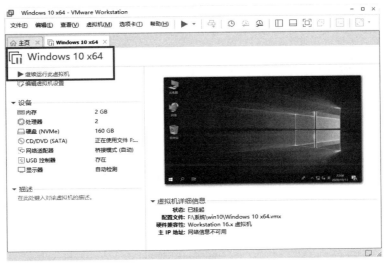

图 3-7　挂起状态

　注释：若想对处于挂起状态的虚拟机进行网络设置，则单击"继续运行此虚拟机"。更改虚拟机的硬件设置必须在虚拟机关机或运行的状态下进行。

Step 7　如图 3-8 所示，现在对 Windows 10 虚拟机进行网络设置，单击"虚拟机"→"设置"命令。

图 3-8　网络设置

Step 8 如图 3-9 所示，在"虚拟机设置"界面中单击"网络适配器"，再选择"自定义"，选择所需要的虚拟交换机后单击"确定"按钮。

图 3-9　把虚拟机连接到指定虚拟交换机

　注释：确保 20 个虚拟交换机全都添加了才会在自定义时有 20 个虚拟网络选择。

3.1.2　虚拟机网络地址规划

　　每一台交换机都可以组建一个局域网，对于每个网络最好提前规划好要使用的 IP 地址，避免地址冲突和混乱。没有规划的子网 IP 地址如图 3-10 所示，在这里为了好记，我把 VMnet1 的网络 IP 地址规划成 192.168.10.0，子网掩码为 255.255.255.0；VMnet2 的网络 IP 地址规划成 192.168.20.0，子网掩码为 255.255.255.0；VMnet3 的网络 IP 地址规划成 192.168.30.0，子网掩码为 255.255.255.0；VMnet8 的网络 IP 地址规划成 192.168.80.0，子网掩码为 255.255.255.0。将来连接这些交换机的虚拟机的 IP 地址最好处于规划的网段。

　　VMnet0 不用规划 IP 地址，后面会讲到，该网络的地址要和物理网络的地址在一个网段。

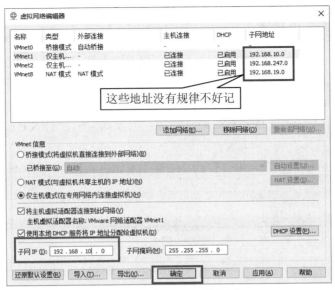

图 3-10　设置 VMnet1 的子网 IP

规划完成之后的界面如图 3-11 所示。

图 3-11　规划完成

注释： 如果每次打开"虚拟网络编辑器"时都提示"需要具备管理员特权才能修改网络配置"，则可以在物理机桌面右键单击 VMware Workstations Pro 的快捷方式，选择"兼容性"→"以管理员身份运行此程序"。

3.1.3 虚拟机自动获得 IP 地址

VMware Workstation 16 安装完成后，在物理机上还安装了 VMware DHCP Service，该服务可以为连接至 VMnet 的计算机自动分配 IP 地址。这样，当给虚拟机安装了操作系统之后哪怕没有给虚拟机配置 IP 地址，虚拟机也能够自动获得一个 IP 地址。

下面就来看一下 VMware DHCP Service 服务，以及如何配置 DHCP 服务为虚拟机分配 IP 地址。

Step 1 如图 3-12 所示，在物理机上打开"运行"对话框，输入 services.msc。

图 3-12　打开服务管理工具

Step 2 单击"确定"按钮，可以看到 VMware DHCP Service 服务已经启动，如图 3-13 所示。

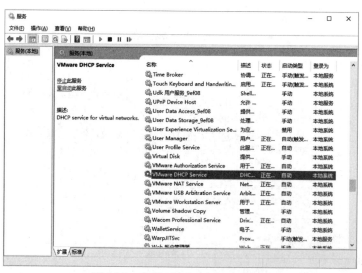

图 3-13　查看 VMware DHCP 服务

Step 3 如图 3-14 所示，打开虚拟机网络编辑器，选中 VMnet1 网络，单击"DHCP 设置"按钮，在弹出的对话框中可以看到可自动获取的 IP 地址范围为 192.168.10.128～192.168.10.254。现在就来验证一下自动获得的 IP 地址是不是位于这个范围。

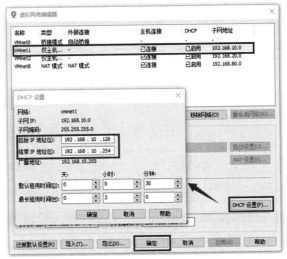

图 3-14　自动获得 IP 地址的范围

Step 4　如图 3-15 所示，将 Windows 10 的网络设置改为 VMnet1。

图 3-15　更改网络设置

Step 5　如图 3-16 所示，将该虚拟机的 IP 地址改成自动获得，设置完成后单击"确定"按钮保存。

Step 6　如图 3-17 所示，查看虚拟机自动获得的 IP 地址。

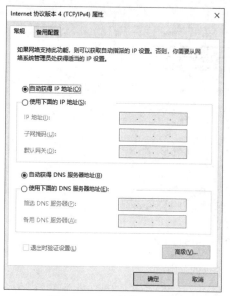

图 3-16 自动获取 IP 地址

图 3-17 本地连接状态

 注释：也可以将虚拟机连接到 VMnet2 中，再来查看虚拟机自动获得 IP 地址的情况。

Step 7 图 3-18 所示的结果表明虚拟机的 IP 地址确实是位于 DHCP 分配的地址范围之内的。为了证明此功能是由 DHCP 服务支持的，在服务列表中找到 DHCP 服务并将其停止，如图 3-19 所示。

图 3-18 网络连接详细信息

图 3-19 停止 DHCP 服务

Step 8 在 DHCP 服务停止后，查看 Windows 10 虚拟机自动获取 IP 地址的情况如图 3-20 所示。

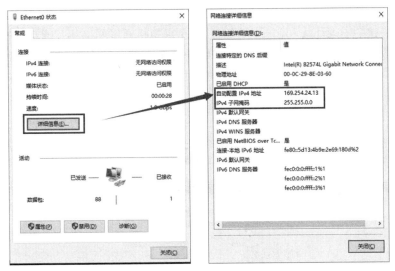

图 3-20　查看自动获取的 IP 地址

注释： 微软 Windows 2000 以后的操作系统则在无法获取 IP 地址时自动配置成 "IP 地址:169.254.×.×" "子网掩码：255.255.0.0" 的形式，这样可以使所有获取不到 IP 地址的计算机之间能够通信。

　　如果想要禁止 DHCP 服务给特定网络分配地址，除了将 DHCP 服务停止之外，还可以把 "使用本地 DHCP 服务将 IP 地址分配给虚拟机" 选项取消，如图 3-21 所示，然后单击 "应用" 按钮。

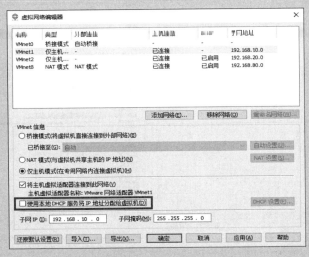

图 3-21　禁止使用 VMware DHCP 为虚拟机分配 IP 地址

3.2 虚拟机访问虚拟机

如果我们搭建的学习环境和测试环境需要两个虚拟机通过网络相互通信，则将两个虚拟机连接到同一个虚拟交换机，然后将它们的 IP 地址设置成同一个网段（最好和连接的 VMnet 在同一个网段），如图 3-22 所示，而不用管该网络是何种类型。

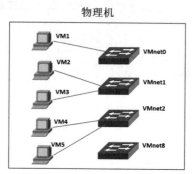

图 3-22　连接到同一个 VMnet 的虚拟机才能直接通信

下面就来演示将 Windows 10 和 Windows 7 两个虚拟机添加到同一个虚拟交换机，将 IP 地址配置成同一个网段，并测试网络是否畅通。

Step 1　如图 3-23 所示，更改虚拟机 Windows 10 的网卡设置，网络连接选择"自定义"，将其连接到 VMnet4 网络。

图 3-23　将虚拟机 Windows 10 连接至 VMnet4

注释：可以将两个虚拟机同时连接到 VMnet0 ～ VMnet19 中的任何一个虚拟交换机，不用考虑网络的类型是"仅主机模式"还是"NAT 模式"或是其他模式。

Step 2　如图 3-24 所示，将 Windows 7 的虚拟机网卡也连接到 VMnet4。

图 3-24　将虚拟机 Windows 7 的网卡连接至虚拟交换机 VMnet4

Step 3　如图 3-25 所示，设置虚拟机 Windows 10 的 IP 地址和子网掩码，其他不用设置。

图 3-25　按规划的地址设置虚拟机地址

Step 4 如图 3-26 所示，设置 Windows 7 的 IP 地址和子网掩码。

图 3-26　按规划的地址设置虚拟机地址

Step 5 如图 3-27 所示，在 Windows 7 中 ping Windows 10 的 IP 地址 192.168.40.10，竟然"请求超时"，这有可能是 Windows 10 启用了防火墙或网卡没有连接好。

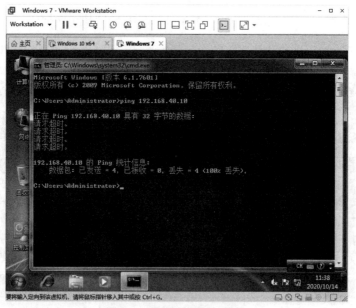

图 3-27　测试是否能够通信

Step 6 如图 3-28 所示，在虚拟机 Windows 10 中右键单击 "开始" 菜单，输入 wf.msc，然后单击 "确定" 按钮。

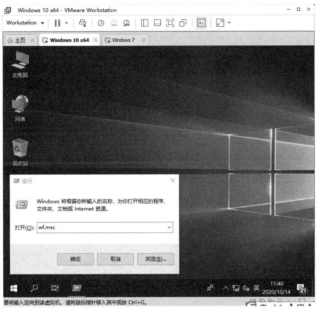

图 3-28　打开防火墙管理工具

Step 7 如图 3-29 所示，单击 "本地计算机上的高级安全 Windows Defender 防火墙"，观察右侧，可以看到公用配置文件是活动的，单击 "Windows Defender 防火墙属性"。

图 3-29　查看活动的配置文件

Step 8　如图 3-30 所示，在弹出的"本地计算机上的高级安全 Windows Defender 防火墙属性"对话框中单击"公用配置文件"选项卡，将"防火墙状态"设置为"关闭"。

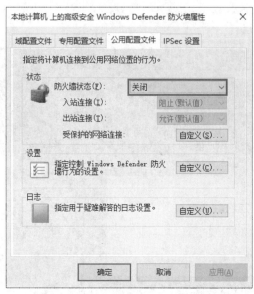

图 3-30　关闭防火墙的公用配置文件

Step 9　另一个需要检查的地方就是看 Windows 10 的网卡是否处于连接状态，如是图 3-31 所示，则表示是处于连接状态。

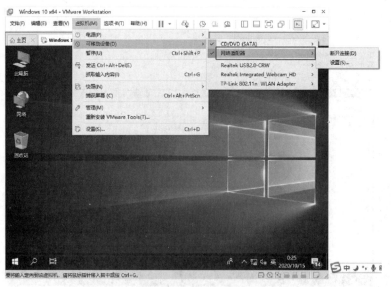

图 3-31　确保虚拟机网卡处于连接状态

54

Step 10 如图 3-32 所示，在 Windows 7 中再次测试 Windows 10 网络是否畅通，可以看到现在可以 ping 通了。

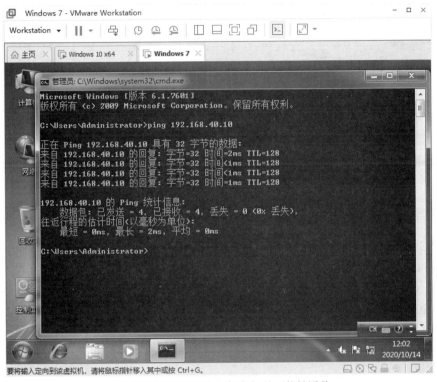

图 3-32 再次测试虚拟机之间是否能够通信

3
Chapter

 注释： 如果 Windows 10 ping Windows 7 也出现数据包请求超时的情况，则将 Windows 7 的防火墙关闭，同时检查 Windows 7 的网卡连接是否正常。

3.3 虚拟机访问物理机

前面讲过了，每一个 VMnet 就是一个虚拟交换机，这些虚拟交换机之间没有连接，也没有和物理机连接。如果虚拟机打算通过网络访问物理机的资源，或者物理机打算通过网络访问虚拟机的资源，如何实现呢？

如图 3-33 所示，物理机网卡连接学校的交换机，交换机 IP 地址为 10.7.10.0 255.255.255.0 网段。该物理机的网卡并没有和 VMnet4 连接，也就是说，与 VMnet4 相连的虚拟机 VM4 与物理机之间并没有网络连接，如果现在想让 VM4 能够通过网络访问物理机，怎么办呢？

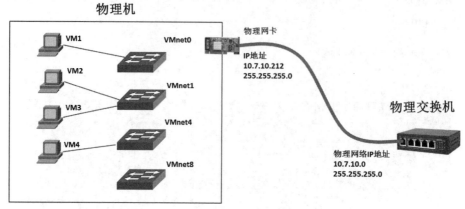

图 3-33　虚拟交换机没有连接物理网卡

3.3.1　为物理机添加虚拟网卡

如图 3-34 所示，可以在物理机上添加一个虚拟网卡（VMware Network Adapter VMnet4）连接到 VMnet4，虚拟网卡的 IP 地址可以设置成 192.168.40.10，该 IP 地址一定要和虚拟交换机 VMnet4 规划的网络地址（192.168.40.0）在一个网段，虚拟机 VM4 的 IP 地址设置成 192.168.40.20，这样 VM4 要想访问物理机，就要访问 192.168.40.10，而不能访问物理网卡的地址 10.7.10.212。

现在的情况是虚拟机 VM4 根本没有连接物理网卡，而且 IP 地址也没在同一个网段。

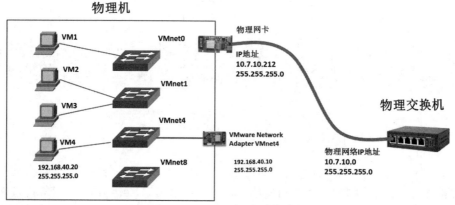

图 3-34　添加虚拟网卡后的变化

下面就来演示如何在物理机上添加一个网卡连接到 VMnet4。

Step 1　如图 3-35 所示，右键单击物理机"开始"菜单右侧的网络连接图标（我现在使用的是无线网卡上网） ，右键单击"打开'网络和 Internet'设置"。

图 3-35 打开"网络和 Internet 设置"

Step 2 如图 3-36 所示，单击"更改适配器选项"。

图 3-36 更改适配器设置

Step 3 由图 3-37 可以看到，在物理机上有三块虚拟网卡 VMware Network Adapter VMnet1、VMware Network Adapter VMnet2、VMware Network Adapter VMnet8，这三块虚拟网卡分别连接到了 VMnet1、VMnet2 和 VMnet8 交换机。

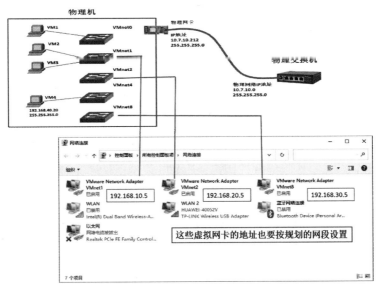

图 3-37 物理机上的虚拟网卡连接到相应的虚拟交换机

Step 4 如图 3-38 所示，在物理机中添加一个虚拟网卡连接到 VMnet4 交换机。打开"虚拟网络编辑器"对话框，单击"添加网络"按钮，在弹出的"添加虚拟网络"对话框中选择 VMnet4，单击"确定"按钮。

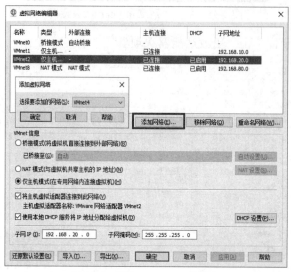

图 3-38　添加 VMnet4 的网络

如图 3-39 所示，在物理机中会增加一个虚拟适配器（虚拟网卡）VMware Network Adapter VMnet4，该网卡与 VMnet4 交换机连接。

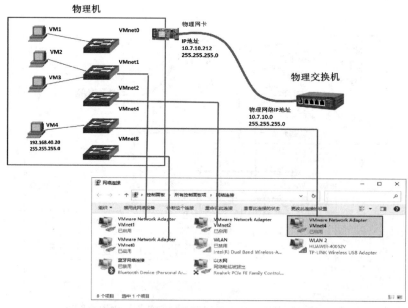

图 3-39　物理机连接到 VMnet 上的网卡

下面演示如何断开连接到虚拟交换机 VMnet2 的网卡。

Step 1　第一种方法是直接将连接到 VMnet2 的网卡禁用即可。

Step 2　第二种方法是打开虚拟网络编辑器，如图 3-40 所示，选中 VMnet2，取消"将主机虚拟适配器连接到此网络"选项，单击"确定"按钮。

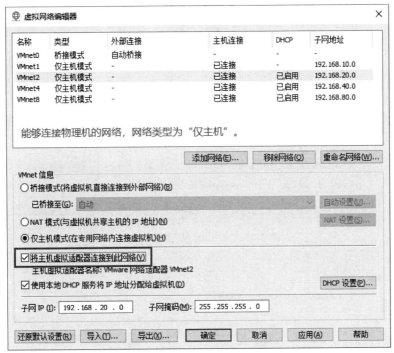

图 3-40　取消主机连接在 VMnet2 网络中的网卡

　注释：取消"将主机虚拟适配器连接到此网络"选项后，VMnet2 的类型由"仅主机模式"变为"自定义模式"，如图 3-41 所示。总结：虚拟交换机的网络类型"仅主机"是指物理机有虚拟网卡连接的网络，"自定义"是指物理机没有虚拟网卡连接的网络。

Step 3　如图 3-42 所示，取消"将主机虚拟适配器连接到此网络"选项后，再次打开物理机网络连接，可以看到 VMware Network Adapter VMnet2 虚拟网卡已被删除。

现在大家就明白安装完 VMware Workstation 之后，物理机打开本地连接后所看到的多出来的网卡是怎么回事了！这些虚拟网卡的地址也要按照虚拟网络地址规划的网段进行设置。

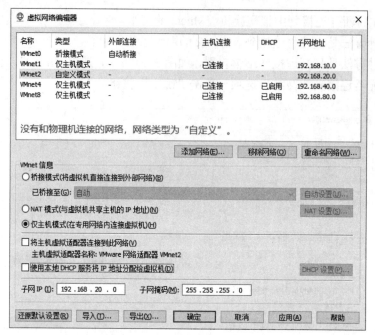

图 3-41　网络类型更改为自定义

图 3-42　物理机删除了连接在 VMnet2 中的虚拟网卡

3.3.2　虚拟机与物理机之间的通信

　　下面演示如何设置连接在 VMnet4 虚拟交换机上的 Windows 10 和物理机通信，VMnet4 网络规划的网段是 192.168.40.0 255.255.255.0，将连接物理机的虚拟网卡的 IP 地址设置成 192.168.40.20，将虚拟机 Windows 10 网卡连接到 VMnet4 交换机，地址设置成 192.168.40.60。

Step 1　如图 3-43 所示，打开虚拟网络编辑器，选中 VMnet4，设置子网 IP 为 192.168.40.0，单击"确定"按钮。

3 Chapter

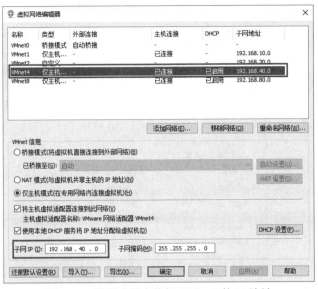

图 3-43   设置虚拟交换机 VMnet4 的 IP 地址

Step 2   如图 3-44 所示，打开物理机网络连接，右键单击物理机中虚拟出来的网卡 VMware Network Adapter VMnet4 并选择"属性"选项。

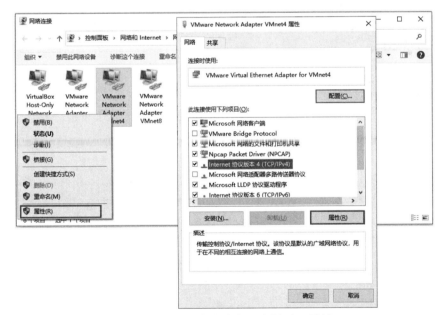

图 3-44   为物理机的虚拟网卡设置 IP 地址

Step 3   在弹出的"VMware Network Adapter VMnet4 属性（TCP/IPv4）"对话框中选中"Internet 协议版本 4"，单击"属性"按钮。

Step 4 如图 3-45 所示，在弹出的 "Internet 协议版本 4（TCP/IPv4）属性" 对话框中输入 IP 地址和子网掩码，注意不要填写默认网关。

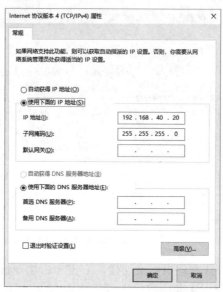

图 3-45　修改虚拟网卡的 IP 地址

Step 5 上述过程完成之后我们在虚拟机中将 Windows 10 的网络设置连接到 VMnet4，如图 3-46 所示。

图 3-46　将虚拟机的网卡连接到虚拟交换机 VMnet4

Step 6 如图 3-47 所示，将 Windows 10 的网卡 IP 地址设置成 192.168.40.60，子网掩码为 255.255.255.0，不用设置网关，单击"确定"按钮。

图 3-47　更改虚拟机 Windows 10 的 IP 地址和子网掩码

Step 7 如图 3-48 所示，在虚拟机中用 ping 命令来测试 Windows 10 是否能够与物理机通信。

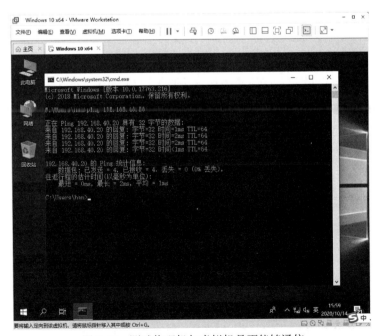

图 3-48　测试物理机与虚拟机是否能够通信

Chapter 3

注释：如果大家做这个实验不成功，首先尝试把虚拟机和物理机的防火墙关掉，我们这里只是为了做实验，并没有考虑物理机的安全问题，因此做完实验之后大家还是记得要把防火墙开启。

3.4　虚拟机访问物理网络

如图 3-49 所示，用一根网线将物理主机与物理交换机连接，这样，物理主机中的虚拟交换机 VMnet0 和连接在 VMnet0 交换机上的虚拟主机 VM1 和 VM2 就可以和连接在物理交换机网络中的计算机 C1 和 C2 进行通信了。在物理网络中的计算机 C1 和 C2 中，打开各自的网上邻居，就可以看到网络中有 VM1 和 VM2，C1 和 C2 并不知道也无需知道它们就是虚拟机，此时各自使用对方的 IP 地址就可以相互访问。

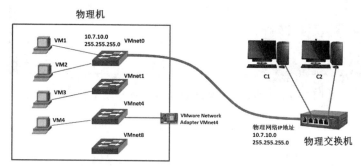

图 3-49　VMnet 通过物理主机与物理交换机间的网线连接到物理交换机

具备一定网络知识的人会知道，每一个交换机构成一个小的局域网，两个交换机相连就构成了一个更大的局域网，同一个局域网中的计算机必须属于同一个网段。

具体到 VMnet0 这台虚拟交换机，如何将其与物理交换机连接呢？此时，需要把物理机的网卡当成虚拟交换机 VMnet0 的一个接口。物理网卡的 IP 地址就相当于连接到 VMnet0 交换机上的一个逻辑网卡，逻辑结构如图 3-50 所示。

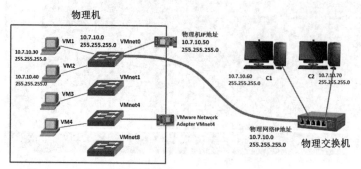

图 3-50　由物理机的网线充当 VMnet0 和物理交换机的连接线

可以看到，虚拟机 VM1、VM2 和物理机网卡的地址 10.7.10.50 是独立的，而且地位是平等的。即虚拟机 VM1 访问物理网络中的计算机 C1 和 C2 使用的是自己的地址，而不是物理机的地址。假如物理机的 IP 地址设置错误，会造成物理机不能访问 C1 和 C2，但丝毫不会影响 VM1 和 VM2 访问物理网络中的计算机。如果你拔了网线，当然物理机和虚拟机都不能访问物理网络的 C1 和 C2 了。

物理网卡如何有这个功能呢？看一下物理机的网卡属性，我的笔记本电脑有两个网卡，一个有线网卡，一个无线网卡，如图 3-51 所示。

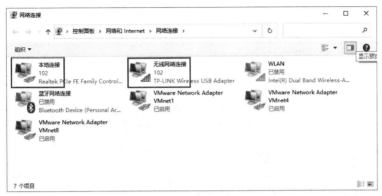

图 3-51　物理网卡

分别右键单击图 3-51 所示的两个物理网卡并选择"属性"选项，弹出"连接属性"对话框，如图 3-52 所示，可以看到本地连接和无线网络连接都有 VMware Bridge Protocol，并且都启用了该协议，正是物理网卡绑定了这个协议才能够让物理网卡连接到虚拟交换机 VMnet0。

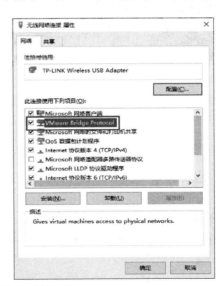

图 3-52　物理连接的桥接协议

通过物理网卡连接到物理网络的虚拟网络就是桥接类型。如果物理网卡取消了这个协议的绑定，则不能再使用该网卡桥接。

3.4.1　将 VMnet0 连接到物理网络

下面就使用我的笔记本电脑来演示将虚拟交换机 VMnet0 连接到我们学院的网络，学院的网络 IP 地址是 10.7.10.0 255.255.255.0 网段，将虚拟机 Windows 10 的网卡指定到 VMnet0 网络。

Step 1　如图 3-53 所示，单击"编辑"→"虚拟网络编辑器"命令。

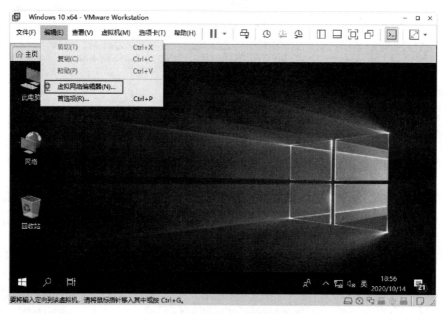

图 3-53　打开虚拟网络编辑器

Step 2　如图 3-54 所示，在弹出的"虚拟网络编辑器"对话框中单击"更改设置"按钮。

Step 3　如图 3-55 所示，选中 VMnet0，可以看到 VMnet0 类型是"桥接模式"。下面桥接到的网卡默认是"自动"，我们指定桥接到有线网卡，因此选择"Realtek PCIe FE Family Controller"，单击"应用"按钮。

 注释："自动"意味着如果是通过无线网卡连接网络，就使用无线网卡桥接，如果有线网卡连接网络，就使用有线网卡桥接，即自动选择可用的网卡连接到物理网络。

图 3-54　进入设置模式

图 3-55　指定 VMnet0 使用有线网卡桥接

Step 4 如图 3-56 所示，我们再来设置 VMnet4，使其能够通过无线网卡连接到物理网络。首先选中 VMnet4，再选择"桥接模式"选项，可以看到此时只有一个无线网卡可以桥接（有线网卡已经被桥接到 VMnet0）。现在我们就知道，虽然可以把多个 VMnet 设置成桥接模式，但前提是物理机要有多个网卡才行。

图 3-56　设置 VMnet4 使用无线网卡桥接

注释：如果物理机有两个网卡连接两个物理网络，虚拟机需要连接到不同的物理网络，则可以为 VMnet 指定具体的网卡以桥接到不同的物理网络，网络拓扑如图 3-57 所示。

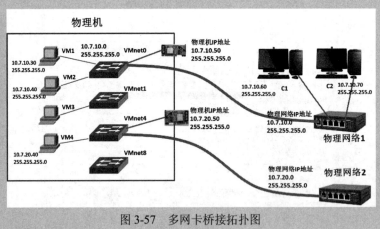

图 3-57　多网卡桥接拓扑图

3.4.2　在虚拟机中实现桥接上网

3.4.1 节的操作中 VMnet0 已经通过物理网卡连接到物理网络，下面就把虚拟机 Windows 10 网卡连接到 VMnet0，让其能够上网。

Step 1 如图 3-58 所示，打开"虚拟网络编辑器"对话框，设置 VMnet0 网络使物理机的有线网卡桥接到物理网络。

图 3-58　设置 VMnet0 使用有线网卡桥接到物理网络

Step 2 如图 3-59 所示，打开"虚拟机设置"对话框，选中"网络适配器"，"网络连接"选择"桥接模式"。

图 3-59　更改虚拟机网络设置

Step 3 如图 3-60 所示，也可以选择"自定义"，在下拉列表框中选择 VMnet0，与上面选择"桥接模式"等价。

图 3-60　更改虚拟机网络设置

Step 4 如图 3-61 所示，查看物理机网卡的 IP 地址和 DNS。

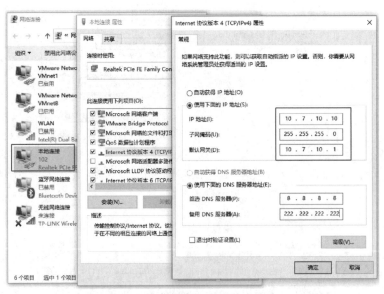

图 3-61　物理机网卡的 IP 地址和 DNS

Step 5 如图 3-62 所示，设置虚拟机 Windows 10 的 IP 地址，IP 地址所在网段需要和物理网络中计算机的 IP 地址在同一个网段，子网掩码、网关和 DNS 也要和物理网络中的计算机一样。

图 3-62　虚拟机中的 IP 地址和 DNS

Step 6 在虚拟机 Windows 10 中用 ping 命令检测是否能 ping 通物理网络，ping 物理机的物理网卡的地址，如图 3-63 所示，显示能够 ping 通。

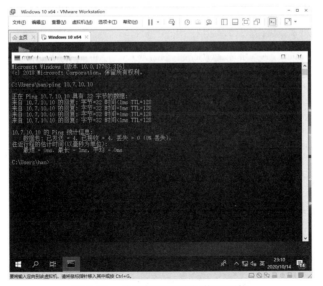

图 3-63　检测是否能访问物理网络

3.4.3 桥接不成功的解决办法

如果你取消了物理网卡绑定的 VMware Bridge Protocol 桥接协议，则不能使用该网卡将 VMnet0 网络桥接到物理网络。

Step 1 如图 3-64 所示，打开物理机的网络连接，右键单击"本地连接"并选择"属性"选项。

Step 2 在弹出的"本地连接 属性"对话框中取消对 VMware Bridge Protocol 的选择，单击"确定"按钮。

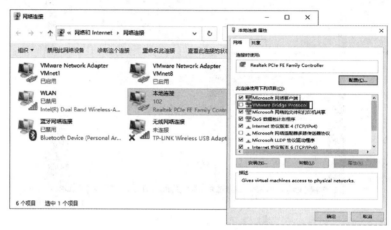

图 3-64　取消桥接协议

Step 3 再次打开"虚拟网络编辑器"对话框，如图 3-65 所示，可以看到没有 VMnet0 这个网络，也就是说 VMnet0 没有可用的物理网卡为其桥接，自动从这里删除了。

图 3-65　需要重新添加 VMnet0

Step 4 如图 3-65 所示，单击"添加网络"按钮，在弹出的"添加虚拟网络"对话框中选择 VMnet0，单击"确定"按钮。

Step 5 如图 3-66 所示，选中 VMnet0 网络，再选择"桥接模式"单选项，"桥接到"已不能选择"本地连接"的网卡。

图 3-66　没有可以桥接的网卡

以后如果有虚拟机不能使用物理网卡桥接到物理网络，就可以用以上方法进行检查。如果你的本地连接属性中根本没有 VMware Bridge Protocol，如图 3-67 所示，则可单击"安装"按钮，在弹出的"选择网络功能类型"对话框中选中"服务"，再单击"添加"按钮，如图 3-68 所示。

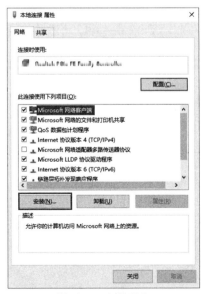

图 3-67　安装服务

图 3-68　选择服务

在弹出的"选择网络服务"对话框中选中 VMware Bridge Protocol，如图 3-69 所示，单击"确定"按钮，就能安装这个协议了，如果安装失败，重启计算机，再次安装即可。安装成功之后，在"本地连接 属性"对话框中又出现了该协议，如图 3-70 所示。

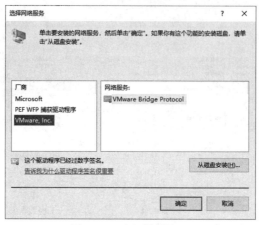

图 3-69　选择桥接协议

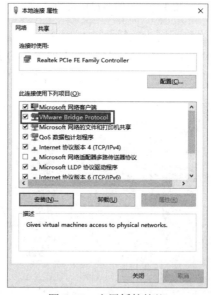

图 3-70　启用桥接协议

3.5　虚拟机通过 NAT 访问物理网络

假如你是一位老师，要使用自己的计算机在虚拟机中为学生搭建一个学习环境，要求该虚拟机能够访问物理网络，然后希望把这个虚拟机拷贝到机房的所有计算机，让学生上课时可使用虚拟机来做实验。对于这种需求，虚拟机的网卡连接到哪个 VMnet 中呢？你可能会想到将虚拟机网卡连接到 VMnet0 桥接到物理网络，如图 3-71 所示，但由于拷贝的虚拟机的计算机名称和 IP 地址都与原来的一样，所以物理机 1 中的 VM1 虚拟机和物理机 2 中的 VM2 虚拟机开机后会报地址冲突，更改计算机 IP 地址后还会报计算机名重名。

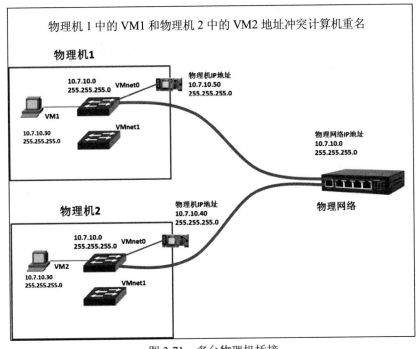

图 3-71　多台物理机桥接

有没有办法让物理机 1 和物理机 2 中的虚拟机既能访问物理网络，又不地址冲突呢？将 VMnet 网络模式设置成 NAT 就可以解决这个问题。

什么是 NAT 呢？NAT 即 Network Address Translation（网络地址转换），它是实现虚拟机上网的第二种方法。在讲 NAT 之前，我们先来了解一下什么是公网地址和私网地址。

3.5.1　公网地址

整个 Internet 中，计算机和服务器的 IP 地址要统一规划，全球唯一，这些地址就是公网地址。所有的 IP 地址都由国际组织 NIC（Network Information Center）负责统一分配，目前全世界共有三个这样的网络信息中心：①InterNIC，负责美国及其他地区；②ENIC，负责欧洲地区；③APNIC，负责亚太地区。我国申请 IP 地址要通过 APNIC，APNIC 的总部设在日本东京大学。申请时要考虑申请哪一类的 IP 地址，然后向国内的代理机构提出。

联通、电信、移动等 ISP（Internet 服务提供商）给用户提供 Internet 接入服务，由于全球公网 IP 地址是统一规划的，因此知道了对方的 IP 地址也就能够知道对方大概在什么位置。在百度上输入一个 IP 地址就能知道这个地址所属地区和 Internet 服务提供商（ISP），如图 3-72 和图 3-73 所示。

图 3-72　查询公网地址 1

图 3-73　查询公网地址 2

若想知道某个网站的位置，可以先 ping 该网站域名，解析到 IP 地址。比如想要查询我的视频教学网站在什么位置，则可以在命令提示符下 ping www.jd.com，可以看到解析出 IP 地址，如图 3-74 所示。再在百度中查询地址，可以看到是河北省石家庄市移动，如图 3-75 所示。

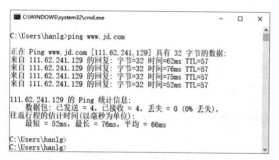

图 3-74　域名解析成功说明能够访问 Internet

图 3-75　在百度中可以查询指定 IP 地址所在的地区

3.5.2　私网地址

除了公网 IP 地址，还保留了一些私网地址，这些私网地址在 Internet 中没有被使用，企业、学校或政府的内网可以使用，不需要向国际组织注册。如图 3-76 所示，Internet 上没有私网地址，因此 Internet 上的路由器也没有必要知道如何向私网地址网段转发数据包。任何单位或企业的网络都可以使用这些私网地址，因为他们不需要相互访问，所以 IP 地址网段重合了也没有关系。

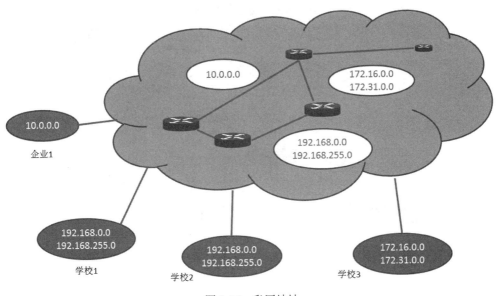

图 3-76　私网地址

私有网段保留了以下网段：

A 类地址中有 10.0.0.0～10.255.255.255，1 个 A 类网段。

B 类地址中有 172.16.0.0～172.31.255.255，16 个 B 类网段。

C 类地址中有 192.168.0.0～192.168.255.0，256 个 C 类网段。

 注释：对于 IP 地址的分类，可以学习计算机网络原理的课程，在这里不详细介绍。

3.5.3　网络地址转换（NAT）技术

前面介绍了公网地址和私网地址，那么企业使用私网地址的计算机如何访问 Internet 呢？如图 3-77 所示，学校 1 中的计算机 A1 访问 Internet 的网站 WebA，数据包目标地址 78.5.6.4 为公网地址，源地址 10.0.0.2 为私网地址，因此这个数据包能够发送到 WebA。而 WebA 给 A1 发送返回的数据包时，目标地址就成了 10.0.0.2（私网地址），源地址 78.5.6.4，而 Internet 上的路由器 R2、R3 和 R4 的路由表中没有到私网地址的路由条目，也就是不知道如何转发到私网地址，因此返回的数据包会被 R4 丢弃。

可是我们现在都在使用私网地址访问 Internet，说明数据包有去有回，这是怎么实现的呢？这就要用到网络地址转换技术，如图 3-78 所示，在路由器 R1 上配置 NAT，R1 是公网路由器，外网网卡连接 Internet，有公网 IP 地址，内网卡连接企业内网，内网是私网地址。

私网地址访问 Internet 数据包有去无回

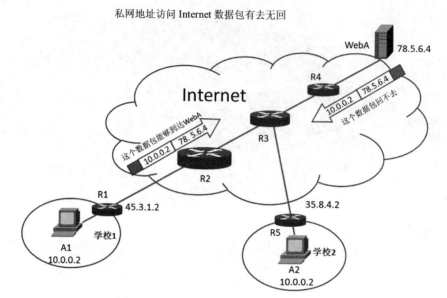

图 3-77　源地址是私网地址数据包不能返回

网络地址转换 NAT

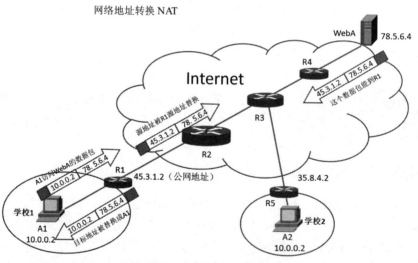

图 3-78　路由器 R1 实现 NAT

　　图 3-78 所示是使用了 NAT 技术后数据包的转发情况，A1 计算机访问 WebA 资源，发送的数据包的目标地址是 WebA 的地址，源地址即 A1 的地址经过路由器 R1 时，被 R1 的公网地址替换，这样数据包的目标地址和源地址就都是公网地址了，WebA 发送返回的数据包的目标地址是 R1 的地址，因此返回的数据包能够被发送到 R1 路由器，R1 路由器收到数据包后，再把数据包的目标地址替换成 A1 计算机的地址后发送到内网，这就是网络地址转换。

NAT 技术的优点：

- 节省公网 IP 地址：NAT 技术让使用私网地址的内网计算机能够访问 Internet，这样能够大大节省公网 IP 地址，比如某软件学院，师生共有 1800 台计算机，但只申请了 4 个公网 IP 地址。
- 内网安全：使用私网地址的内网可以访问 Internet，但是 Internet 中的计算机不能主动访问内网计算机。

NAT 技术的缺点是，由于 R1 路由器在内网和公网之间转发数据包时需修改数据包的源地址或目标地址，因此会稍微影响转发速度。

3.5.4　配置虚拟机使用 NAT 访问物理网络

知道了 NAT 技术的原理后，下面就可以把某个 VMnet 所处的网络当作内网，把物理机所处的网络当作公网，并把物理机当作 NAT 路由器，让内网的虚拟机使用物理机的 IP 地址访问物理网络，这些虚拟机都使用私网地址，这样一来即使和其他物理机中虚拟机的 IP 地址相同也没有关系。

如图 3-79 所示，企业物理网络使用的是私有网段 10.7.10.0 255.255.255.0，在企业路由器上配置 NAT，使企业内网的计算机访问 Internet 时数据包源地址使用公网地址 23.2.3.89 进行替换。现在要把 VMnet 8 所处的网络当作内网，物理机所处的网络当作公网，VMnet8 网络中的计算机访问物理网络，源地址使用物理机的 IP 地址替换。下述为实现这个地址转换功能的方法。

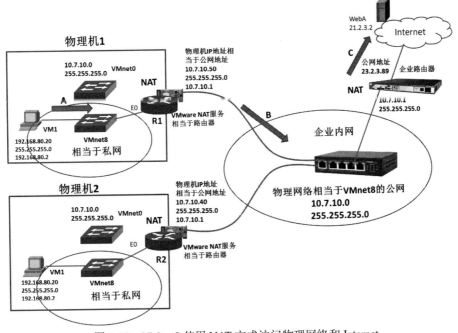

图 3-79　VMnet8 使用 NAT 方式访问物理网络和 Internet

在物理机上安装 VMware Workstation 时会安装 VMware NAT Service 服务，这个服务会在计算机上生成一个虚拟路由器（图 3-79 中 R2），把 R2 的虚拟接口 E0 连接 VMnet8 后，R2 就可作为该网络中计算机的网关，计算机的物理网卡作为该虚拟路由器的外网接口，这样就可实现 VMnet8 到物理网络的地址转换。

在计算机上运行 services.msc 打开服务管理器。如图 3-80 所示，单击"开始"→"运行"命令，输入 services.msc，单击"确定"按钮。

图 3-80　打开服务管理器

在其中可以看到 VMware NAT Service，确保该服务启动类型为"自动"，状态为"已启动"，如图 3-81 所示。

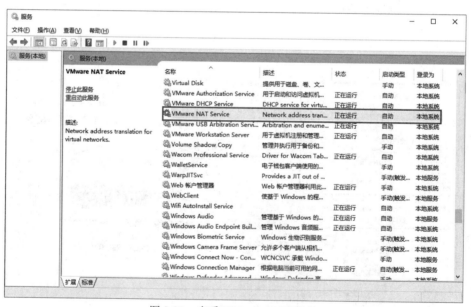

图 3-81　查看 VMware NAT 服务

配置好 VMnet8 到物理网络的地址转换后，物理机 1 中的虚拟机 VM1 访问 Internet 中的网站 WebA，A 处的数据包地址、B 处的数据包地址、C 处的数据包地址如图 3-82 所示，经过两次地址转换数据包发送给 Internet 中的 WebA。

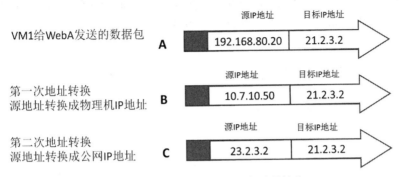

图 3-82　A、B、C 处的数据包地址转换

3.5.5　通过 NAT 让 VMnet8 访问物理网络

　　默认情况下安装了 VMware Workstation，虚拟交换机 VMnet8 的网络类型就是 NAT，也就是说默认情况下 VMware NAT Service 服务为 VMnet8 实现网络地址转换。

　　下面就来演示将虚拟机 Windows 10 连接到 VMnet8 网络，使用 VMware NAT Service 访问 Internet。

Step 1　打开"虚拟网络编辑器"对话框，查看虚拟网络，可以看到 VMnet8 的网络类型是 NAT，选中 VMnet8，单击"NAT 设置"按钮，如图 3-83 所示。

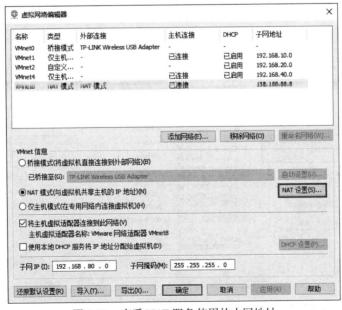

图 3-83　查看 NAT 服务使用的内网地址

Step 2 如图 3-84 所示，在弹出的"NAT 设置"对话框中记下网关 IP 地址，该地址就是图 3-79 中虚拟路由器 E0 接口的地址，可以更改成其他的地址，在这里保持默认。将来要把虚拟机 Windows 10 的网关设置成该地址。

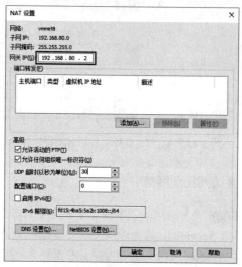

图 3-84　查看和设置 NAT 网关

Step 3 如图 3-85 所示，打开物理机的网络设置，检查 VMware Network Adapter VMnet8 连接的 IP 地址，千万不要设置成 192.168.80.2，否则会与上一步设置的 NAT 网关地址冲突，可以设置成 192.168.80.1（默认）。

图 3-85　设置的 IP 地址和 NAT 服务的内网地址不能冲突

Step 4　设置虚拟机 Windows 10，将网络连接到 VMnet8 中，如图 3-86 所示。

图 3-86　网络设置连接到 VMnet8

Step 5　如图 3-87 所示，将虚拟机的 IP 地址设置成 192.168.80.0 这个网段中的一个地址，此处设置为 192.168.80.100，网关设置成 192.168.80.2，DNS 服务器设置两个：8.8.8.8 和 222.222.222.222，然后单击"确定"按钮。

图 3-87　设置虚拟机的 IP 地址

Step 6　上述过程完成之后，在物理机能够上网的前提下在虚拟机中使用 ping 命令来检测虚拟机是否能上网，出现图 3-88 所示的情况则说明虚拟机能够正常上网了。

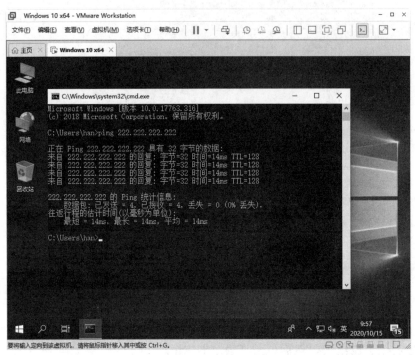

图 3-88　使用 ping 命令检测是否能上网

注释：为了保证虚拟机在 NAT 模式下能上网，首先查看 NAT 模式是否已启用，这个在网络编辑器处可以设置；其次查看虚拟机的网关与 NAT 设置的网关是否相同、DNS 服务器的设置是否正确，大家有必要记住几个 Internet 上的 DNS 服务器，如 8.8.8.8 和 222.222.222.222，都很好记；最后查看虚拟机的网络设置是否指定到 VMnet8，以及物理机中的 VMware NAT Service 这个服务是否已开启。

3.5.6　将其他 VMnet 设置为 NAT 类型

默认 VMware NAT Service 服务为 VMnet8 提供地址转换，我们也可以让 VMware NAT Service 服务为其他的 VMnet 实现网络地址转换。VMware NAT Service 服务只能为一个 VMnet 提供网络地址转换服务。

下面就来演示将 VMnet4 的网络类型设置为 NAT，然后将虚拟机 Windows 10 连接到 VMnet4 通过 NAT 访问 Internet。

Step 1　如图 3-89 所示，打开虚拟网络编辑器，将 VMnet8 设置为仅主机模式。

图 3-89　设置 VMnet8 为仅主机模式

注释： 由于 VMware NAT Service 服务同时只能为一个 VMnet 提供网络地址转换服务，因此必须先将 VMnet8 的网络类型更改为"仅主机"以后，才允许把 VMnet4 的网络类型设置为 NAT。

Step 2 如图 3-90 所示，将 VMnet4 设置成 NAT 模式。

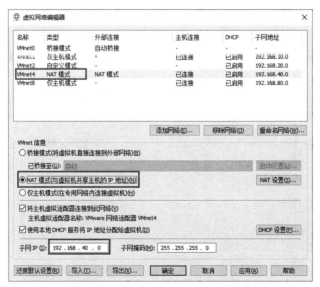

图 3-90　设置 VMnet4 为 NAT 模式

Step 3 查看 NAT 设置，记下网关为 192.168.40.2，如图 3-91 所示，VMnet4 中的计算机网关必须设置为 192.168.40.2 才能通过 NAT 服务访问物理网络，单击"确定"按钮。

图 3-91　使用 NAT 模式计算机的网关

 注释：NAT 设置指定的网关不能与物理机的 VMware Network Adapter VMnet4 的地址相同，一定要检查。

Step 4 将虚拟机 Windows 10 的网卡连接到 VMnet4，如图 3-92 所示。

图 3-92　修改虚拟机的网络设置

Step 5　更改虚拟机的 IP 地址和网关，如图 3-93 所示。

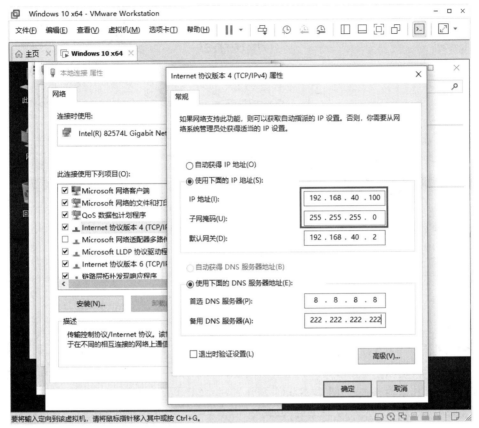

图 3-93　更改虚拟机的 IP 地址

至此，在正常情况下虚拟机就能通过 NAT 上网了。

3.5.7　端口映射

Internet 中的计算机使用公网地址不能直接访问企业内部网络中使用私网地址的计算机，但可以访问企业路由器的公网地址（必须有公网地址）。如何让 Internet 上的计算机能够访问企业内网中的计算机呢？这就需要用到端口映射技术。

如图 3-94 所示，假设你已下班回家，学校的计算机 A1 出现问题，需要你远程配置一下，你家里的计算机 C1 拨号上网访问 Internet，能够访问学校路由器 R1 的公网地址 45.3.1.2，要想访问到学校内网的计算机，需要在 R1 路由器上配置端口映射，比如你想让 C1 访问 A1 计算机的远程桌面，就可以将公网地址 TCP 协议的 4000 端口映射到 A1 计算机的 3389 端口，如果你想让 C1 访问内网的 Web 计算机，可以将公网地址 TCP 协议的 80 端口映射到内网 Web 计算机的 80 端口。可以看到，映射时公网端口和内网端口可以不一样。

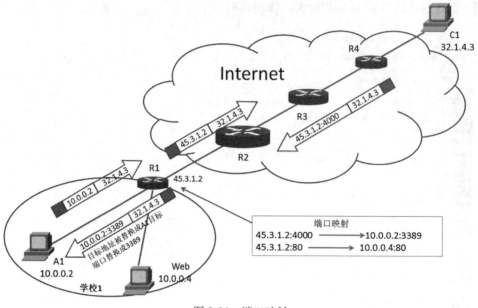

图 3-94　端口映射

注释：服务器对外提供服务通常使用 TCP 或 UDP 协议侦听客户端的请求，客户端使用该端口访问对应的服务，在计算机网络课程中会详细讲解，在这里大家只需记住：远程桌面协议（RDP）默认使用 TCP 的 3389 端口；Web 服务使用的 HTTP 协议默认使用 TCP 的 80 端口。

3.5.8　配置 VMware NAT Service 端口映射

可以在 Cisco 路由器、华为路由器上设置端口映射，甚至非常便宜的拨号上网的家庭路由器都支持端口映射。如图 3-95 所示，将 TCP 的 3389 端口映射到内网 IP 为 192.168.0.40 的主机的 3389 端口，将 TCP 的 80 端口映射到内网 IP 为 192.168.0.50 的主机的 80 端口。

VMware NAT Service 也支持端口映射，配置了端口映射后，物理网络中的计算机就可通过访问物理机 IP 地址从而访问 VMnet 网络中的虚拟机。

下面就来演示配置 VMware NAT Service 的端口映射，网络环境如图 3-96 所示。配置物理机的 VMware NAT Service 服务端口映射，允许物理网络中的计算机 C1 能够通过访问物理机 1 的 TCP 的 4000 端口而访问到 VMnet8 网络中的虚拟机 Windows 10 的远程桌面（远程桌面使用 TCP 的 3389 端口）。

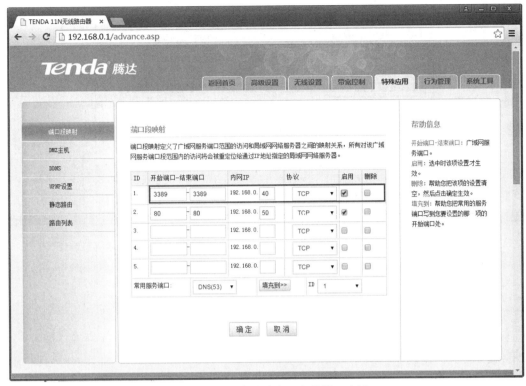

图 3-95　拨号上网路由器上的端口映射

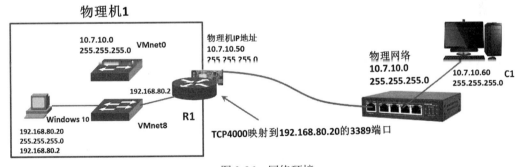

图 3-96　网络环境

Step 1 如图 3-97 所示,打开虚拟网络编辑器,将 VMnet8 网络类型设置为 NAT,单击"NAT 设置"按钮。

Step 2 如图 3-98 所示,在弹出的"NAT 设置"对话框中单击"添加"按钮。

Step 3 如图 3-99 所示,输入主机端口 4000,选择 TCP 协议,指定 Windows 10 虚拟机的 IP 地址 192.168.80.20,指定虚拟机端口 3389,输入相关的描述,单击"确定"按钮。

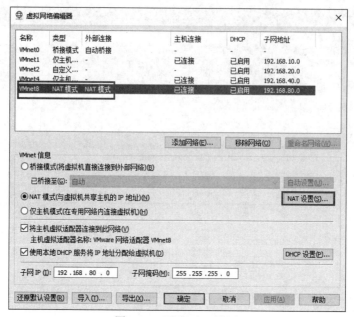

图 3-97　更改 NAT 设置

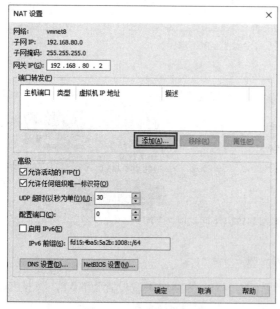

图 3-98　添加端口映射

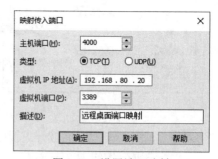

图 3-99　设置端口映射

Step 4　如图 3-100 所示，看到添加的端口映射后，单击"确定"按钮就设置好了端口映射。

Step 5　如图 3-101 所示，设置 Windows 10 虚拟机的网卡连接到 VMnet8，一定要确保选择了"已连接"和"启动时连接"复选项，单击"确定"按钮。

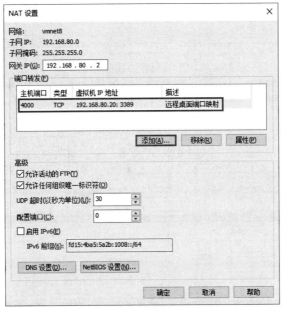

图 3-100　设置好的端口映射

图 3-101　将 Windows 10 指定到 VMnet8

Step 6　如图 3-102 所示，设置 Windows 10 虚拟机的 IP 地址、子网掩码和网关。

图 3-102　设置 Windows 10 虚拟机的 IP 地址、子网掩码和网关

Step 7 在虚拟机中创建用户，将来使用该用户远程连接虚拟机。右键单击桌面上的"此电脑"图标并选择"管理"选项，如图 3-103 所示。

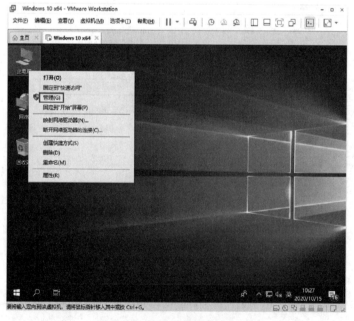

图 3-103　打开计算机管理工具

Step 8 如图 3-104 所示，在"计算机管理"窗口的空白处右键单击并选择"新用户"选项。

图 3-104　创建新用户

Step 9 弹出"新用户"对话框，输入用户名、密码和确认密码，取消对"用户下次登录时须更改密码"复选项的选择，单击"创建"按钮，如图 3-105 所示。

图 3-105　指定用户名和密码

Step 10 如图 3-106 所示，右键单击虚拟机 Windows 10 桌面上的"此电脑"图标并选择"属性"选项。

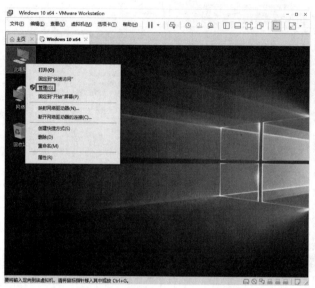

图 3-106　打开计算机属性

Step 11 如图 3-107 所示，单击"远程"选项卡，在"远程桌面"区域选择"允许远程连接到此计算机"，并勾选"仅允许运行使用网络级别身份验证的远程桌面的计算机连接（建议）"选项，单击"选择用户"按钮。

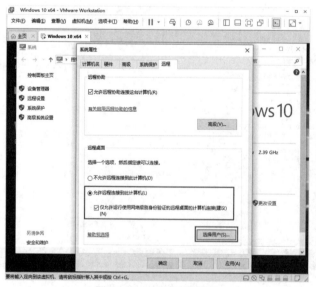

图 3-107　启用远程桌面

注释：如图 3-108 所示，如果你的 Windows 10 没有远程桌面功能，那么就是你安装的 Windows 10 版本的问题，家庭版通常没有这个功能，企业版和专业版都有远程桌面功能。

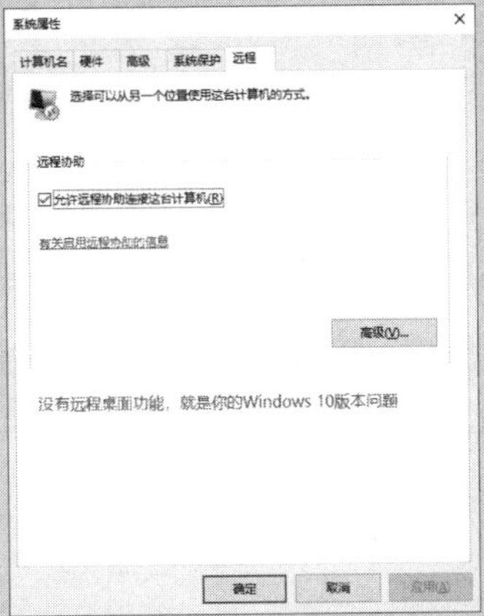

图 3-108　家庭版没有远程桌面

Step 12　如图 3-109 所示，单击"添加"按钮来添加远程登录的用户。

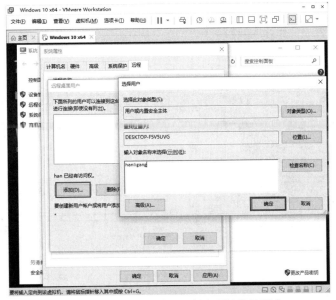

图 3-109　添加能够使用远程桌面连接的用户

Step 13　输入前面创建的用户 hanligang，单击"确定"按钮授予用户使用远程桌面连接的权限，默认情况下普通用户没有权限使用远程桌面连接 Windows 10。

Step 14   如图 3-110 所示，查看物理机本地连接的 IP 地址，一定要记住这个地址，因为接下来要使用物理网络中的计算机访问该地址的 4000 端口进而访问 VMnet8 中的虚拟机 Windows 10 的远程桌面。

图 3-110   查看物理机的地址

Step 15   如果你的物理网络没有计算机，则也可以使用你的计算机上的另一个虚拟机 Windows 10 来充当物理网络中的计算机。按照图 3-111 所示设置 Windows 7 的 IP 地址。

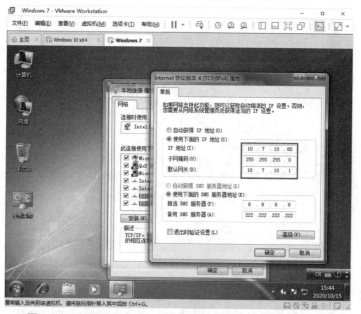

图 3-111   设置 Windows 7 的 IP 地址和物理机在同一个网段

Step 16 将该 Windows 7 虚拟机的网卡连接到物理网络，如图 3-112 所示。

图 3-112　将网卡连接到物理网络

Step 17 在 Windows 7 上单击"开始"→"所有程序"→"附件"→"远程桌面连接"命令。

Step 18 在弹出的"远程桌面连接"对话框中输入物理机的 IP 地址，后面跟冒号，冒号后指定端口 4000，单击"连接"按钮，如图 3-113 所示。

图 3-113　测试 NAT 服务上设置的端口映射

Step 19 出现如图 3-114 所示的登录界面，说明端口映射成功，能够看到可用的用户有 hanligang，说明连接到的是 VMnet8 中的虚拟机 Windows 10。单击 hanligang 账户，输入密码即可登录成功。

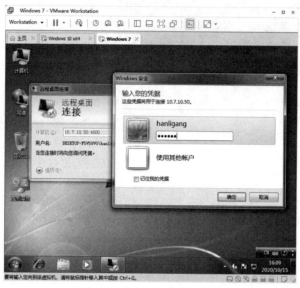

图 3-114 端口映射成功界面

注释：如果连接失败，如图 3-115 所示，需要关闭你的物理机的防火墙，因为 4000 端口默认没有开启。

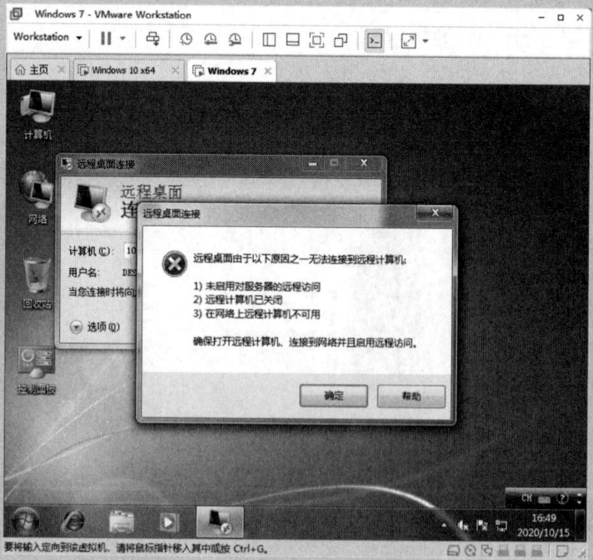

图 3-115 连接远程桌面失败界面

在物理机中右键单击"开始"→"运行"命令，输入 wf.msc，单击"确定"按钮，如图 3-116 所示，打开"高级安全 Windows Defender 防火墙"窗口，如图 3-117 所示。

图 3-116　打开 Windows 防火墙管理工具

在左侧单击"本地计算机上的高级安全 Windows Defender 防火墙"，可以看到"公用配置文件是活动的"，单击"Windows Defender 防火墙属性"，在弹出的"本地计算机上的高级安全 Windows Defender 防火墙属性"对话框中单击"公用配置文件"选项卡，防火墙状态设置为"关闭"，单击"确定"按钮。

图 3-117　关闭 Windows 防火墙

3.6　虚拟机使用 Windows 连接共享访问 Internet

3.5 节中介绍了虚拟机利用 NAT 服务做地址转换来上网，而我们还可以用 Windows 连接共享来实现地址转换，这样就可以不使用 VMware NAT Service 这个服务了。注意 NAT 和 Windows 连接共享不能同时使用。

3.6.1 Windows 连接共享

不管是 Windows 7、Windows 8 还是 Windows 10，也不管是 Windows Server 2012、Windows Server 2016 还是 Windows Server 2019 都支持连接共享，连接共享应用最典型的场景如图 3-118 所示，企业使用 C1 计算机拨号上网，另一个网卡连接企业内网，将拨号连接共享，企业内网的计算机即可使用拨号获得的公网地址访问 Internet，连接共享的本质就是 Windows 自身所实现的 NAT。

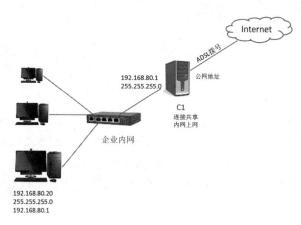

图 3-118　Windows 连接共享场景

如图 3-119 所示，安装了 VMware Workstation 的物理机相当于有多个内网，除了桥接的 VMnet0，其他的 VMnet 都可以使用 Windows 连接共享访问物理网络。下面就来演示如何禁用 VMware NAT Service，使用 Windows 连接共享让 VMnet8 中的计算机访问物理网络。VMnet8 中的虚拟机 VM1、VM2 和 VM3 的网关必须设置成 VMware Network Adapter VMnet8 网卡的 IP 地址。

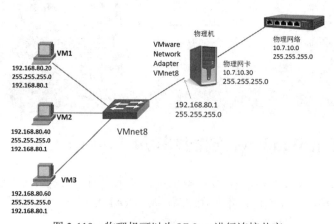

图 3-119　物理机可以为 VMnet 进行连接共享

Step 1 如图 3-120 所示，打开计算机的服务管理工具，找到 VMware NAT Service，右键单击该服务并选择"属性"选项。

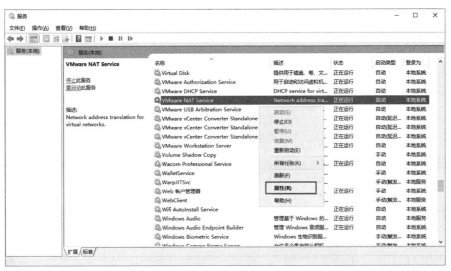

图 3-120　服务管理工具

Step 2 如图 3-121 所示，"启动类型"选择"禁用"，依次单击"停止""应用"和"应用"按钮。

图 3-121　禁用并停止 VMware NAT Service

Step 3 如图 3-122 所示，打开物理机的网络连接，右键单击"本地连接"并选择"属性"选项。

Step 4 单击"共享"选项卡，选中"允许其他网络用户通过此计算机的 Internet 连接来连接"复选项，"家庭网络连接"选择 VMware Network Adapter VMnet8，单击"确定"按钮，如图 3-122 所示。

图 3-122　为 VMnet8 网络共享

Step 5 如图 3-123 所示，提示 LAN 网卡将会被设置为 192.168.137.1，单击"是"按钮，很显然这个地址不是我们规划的地址，不过我们可以修改成 192.168.80.1。

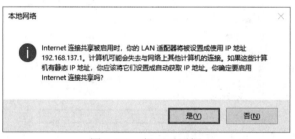

图 3-123　提示对话框

Step 6 如图 3-124 所示，右键单击 VMware Network Adapter VMnet8 并选择"属性"选项。

Step 7 选中"Internet 协议版本 4(TCP/IPv4)"，单击"属性"按钮，如图 3-124 所示。

Step 8 如图 3-125 所示，IP 地址设置为 192.168.80.1，子网掩码设置为 255.255.255.0，千万不要设置网关，单击"高级"按钮。

Step 9 如图 3-126 所示，在"高级 TCP/IP 设置"对话框中查看是否有多余的 IP 地址，一个网卡可以设置多个地址，咱们这个实验只需要一个地址，选中多余的地址，然后单击"删除"按钮。

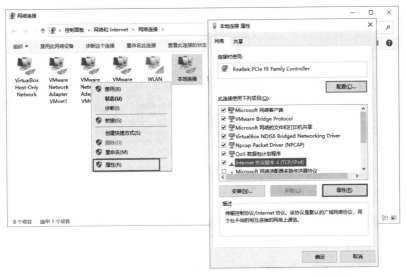

图 3-124　设置 VMware Network Adapter VMnet8 的属性

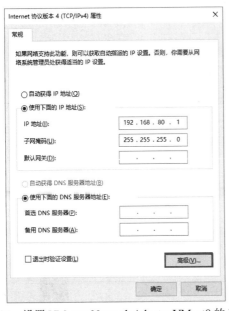

图 3-125　设置 VMware Network Adapter VMnet8 的 IP 地址

图 3-126　删除多余的地址

Step 10　如图 3-127 所示，设置地址后要检查是否生效，双击 VMware Network Adapter VMnet8 图标。

Step 11　在弹出的 "VMware Network Adapter VMnet8 状态" 对话框中单击 "详细信息" 按钮。

Step 12　在弹出的 "网络连接详细信息" 对话框中检查 IP 地址是否是自己设置的。如果不是你设置的地址，那么还需要重新设置，然后禁用启用网卡才能生效。

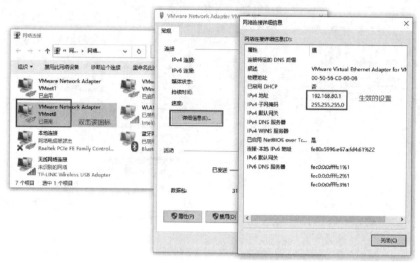

图 3-127　检查设置的 IP 地址是否生效

Step 13　将虚拟机 Windows 10 的网卡连接到 VMnet8，将本地连接的网关设置为 192.168.80.1，如图 3-128 所示。

图 3-128　设置虚拟机的 IP 地址、网关、DNS

Step 14　如图 3-129 所示，在虚拟机 Windows 10 中打开网站 www.91xueit.com，说明通过 Windows 连接共享访问 Internet 成功。

3
Chapter

图 3-129　测试 Internet 访问

3.6.2　为另一个 VMnet 共享连接

前面以 VMnet8 为例演示了 Windows 连接共享，如果现在需要 VMnet4 访问物理网络，则可以很容易切换为 VMnet4 网络共享。Windows 只能同时为一个 VMnet 共享，为 VMnet4 共享之前需要取消对 VMnet8 的共享。

Step 1　如图 3-130 所示，在物理机中打开网络连接，右键单击"本地连接"并选择"属性"选项，在弹出的"本地连接 属性"对话框中取消"Internet 连接共享"，单击"确定"按钮。

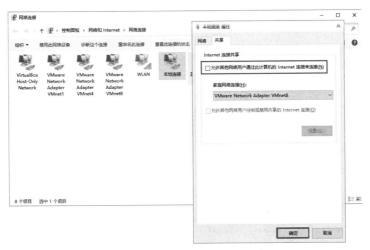

图 3-130　取消对 VMnet8 的共享

Step 2   再次打开"本地连接 属性"对话框，选中"允许其他网络用户通过此计算机的 Internet 连接来连接"复选项，"家庭网络连接"选择 VMware Network Adapter VMnet4，如图 3-131 所示。

图 3-131   为 VMnet4 网络共享

Step 3   剩下的事情和配置 VMnet8 共享一样，设置 VMware Network Adapter VMnet4 的 IP 地址，设置 VMnet4 中虚拟机的 IP 地址、网关和 DNS。

注释：如果你的计算机只有一个网卡，那么是没有连接共享的，你可以试试将其他网卡都禁用，再设置连接共享，如图 3-132 所示，打开"本地连接 属性"对话框，看不到"共享"选项卡。

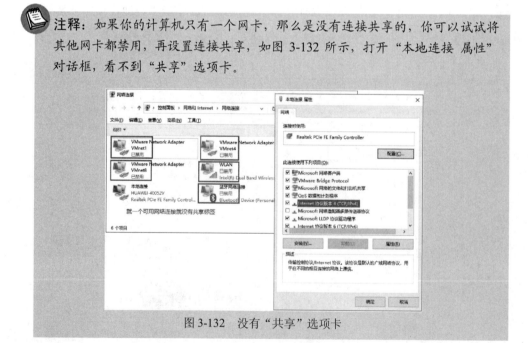

图 3-132   没有"共享"选项卡

3.6.3　Windows 连接共享实现端口映射

Windows 连接共享可以实现网络地址转换，和 VMware NAT Service 一样也可以实现端口映射。

Step 1　打开计算机的网络连接，右键单击"本地连接"并选择"属性"选项，在弹出的"本地连接 属性"对话框的"共享"选项卡中单击"设置"按钮，如图 3-133 所示。

图 3-133　高级设置

Step 2　如图 3-134 所示，在弹出的"高级设置"对话框中有一些常见的协议已经添加好了，只是没有配置，选中"1706"，再单击"编辑"按钮。

图 3-134　内置的协议

Step 3 如图 3-135 所示，输入内网地址，可以看到外部端口和内部端口都是 80，灰色不可更改。

Step 4 如果你打算不使用默认端口或者内外端口不一样，则在图 3-134 所示的对话框中单击"添加"按钮。

Step 5 在弹出的"服务设置"对话框中输入服务描述、内网计算机的 IP 地址、此服务的外部端口号、此服务的内部端口号，指定 TCP 或 UDP 协议，最后单击"确定"按钮，如图 3-136 所示。

图 3-135　指定内网地址　　　　　　　　图 3-136　端口映射

Step 6 上述步骤完成之后就可以在物理网络中远程访问 VMnet8 中虚拟机 IP 为 192.168.80.20 的远程桌面了，与 NAT 访问步骤是一样的，这里不再演示。

3.7　与 eNSP 结合使用搭建网络学习环境

学习计算机网络的同学或许有这样的体会：计算机网络原理的知识学习起来比较枯燥，TCP/IP 协议比较抽象，感觉看不到、摸不着、无从下手。其实我们可以利用 VMware Workstation 和 eNSP 很容易地搭建网络学习环境，获取我们想要的数据包。这样一边学习理论知识，一边亲手操作实验来验证，学习会更有兴趣和积极性。

3.7.1　eNSP 概述

eNSP（Enterprise Network Simulation Platform）是一款由华为提供的免费的、可扩展的、图形化操作的网络仿真工具平台，主要对企业网络路由器、交换机进行软件仿真，完美呈现真实设备实景，支持大型网络模拟，让广大用户有机会在没有真实设备的情况下能够模拟演练，学习网络技术。

如图 3-137 所示，目前 eNSP 的最新版本是 1.3.00.100。安装 eNSP 前需要先安装 VirtualBox 和 Wireshark。

图 3-137　目前 eNSP 的版本

虽然 eNSP 也可以模拟计算机，但模拟的计算机功能比较少。将 VMware Workstation 与 eNSP 结合使用，可以更加真实地模拟现实的网络环境。

3.7.2　搭建网络学习环境

现在我们就开始搭建一个比较典型的网络环境，网络拓扑图如图 3-138 所示。网络设备使用 eNSP 的路由器来充当，Windows XP 和 Windows 2003 计算机使用 VMware Workstation 16 创建的虚拟机来充当。这要求在电脑上安装 VMware Workstation 16，并创建两个虚拟机 Windows XP 和 Windows 2003。

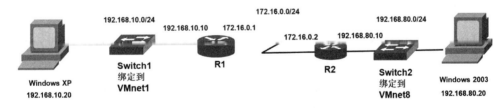

图 3-138　学习环境和网络拓扑

网络中有三个网段，分别是 192.168.10.0/24、172.16.0.0/24、192.168.80.0/24，两个路由器 R1 和 R2，两个交换机 Switch1 和 Switch2。

其中，VMnet1 和 VMnet8 是 VMware Workstation 16 安装后在物理机上虚拟出来的交换机，也就是虚拟出来的网络。

如图 3-139 所示，VMware Workstation 16 安装完成后会在你的物理机上多出来几个虚拟网卡，VMware Network Adapter VMnet1 连接到了 VMnet1 交换机，VMware Network Adapter VMnet8 连接到了 VMnet8 交换机。

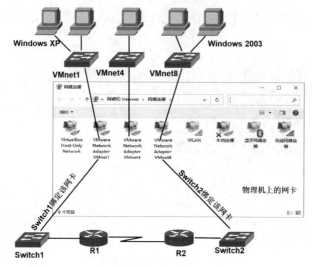

图 3-139　eNSP 的网络和虚拟机的网络连接示意图

　　路由器 R1 的以太网接口连接到交换机 Switch1，Switch1 通过和物理机的 VMware Network Adapter VMnet1 网卡绑定接入到 VMware Workstation 的 VMnet1 网络。

　　路由器 R2 的以太网接口连接到交换机 Switch2，Switch2 通过和物理机的 VMware Network Adapter VMnet8 网卡绑定接入到 VMware Workstation 的 VMnet8 网络。

　　将 Windows XP 的网卡指定到 VMnet1，Windows 2003 的网卡指定到 VMnet8，按网络规划的地址配置计算机的地址和路由器的地址，并为路由器配置静态路由，就可以实现 Windows XP 和 Windows 2003 互相通信。

3.7.3　添加网络设备

　　打开 eNSP，如图 3-140 所示，在主程序的左侧界面中，可以看到不同型号的路由器、交换机、无线局域网设备、终端、防火墙等。

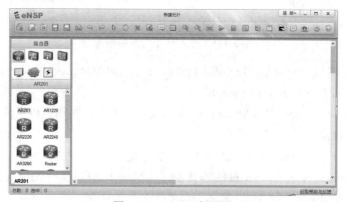

图 3-140　eNSP 主界面

单击右上角的"新建拓扑"。在"路由器"界面拖曳两台 Router 到主界面空白处，在"交换机"界面拖曳两台 S3700 到主界面空白处，在"其他设备"界面拖曳两台 Cloud 到主界面空白处，如图 3-141 所示。

图 3-141　将网络设备拖放到空白界面

右键单击 Cloud1，在快捷菜单中选择"设置"。如图 3-142 所示，在出现 IO 配置对话框中，添加一个 UDP 端口和 VMnet1 网卡绑定的接口，端口映射信息如图 3-142 所示，选中"双向通道"，单击"增加"。Cloud2 的设置与 Cloud1 类似，只是需要添加一个 UDP 端口和 VMnet8 网卡绑定的接口。

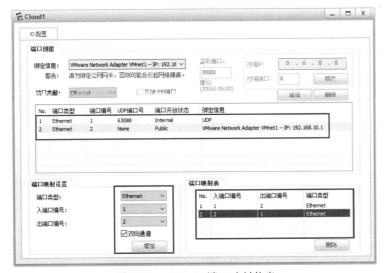

图 3-142　Cloud1 端口映射信息

将设备之间连线。单击"设备连线"图标，除路由器 R1 和 R2 之间使用 Serial 连接（模拟广域网）外，其他设备之间使用 Copper 连接。连接完毕，单击"开启设备"图标，将设备开启，如图 3-143 所示。

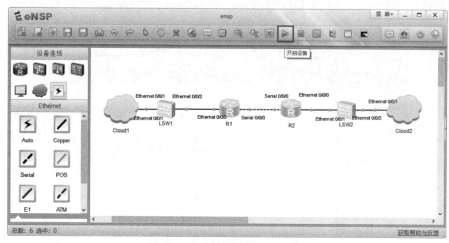

图 3-143　设备连线并开启设备

双击路由器 R1，按照网络规划，配置相应接口的 IP 地址、子网掩码，并配置静态路由。
配置命令如下：

```
<Huawei>system-view                                        #进入系统视图
[Huawei]sysname R1                                         #更改路由器名称为 R1
[R1]interface Ethernet 0/0/0                                #进入接口视图
[R1-Ethernet0/0/0]ip address 192.168.10.10 24              #添加 IP 地址和子网掩码
[R1-Ethernet0/0/0]interface Serial 0/0/0                    #进入接口视图
[R1-Serial0/0/0]ip address 172.16.0.1 24                    #添加 IP 地址和子网掩码
[R1-Serial0/0/0]quit                                        #退出接口视图
[R1]ip route-static 192.168.80.0 255.255.255.0 172.16.0.2   #添加静态路由
<R1>save                                                    #保存设置
```

双击路由器 R2，按照网络规划，配置相应接口的 IP 地址、子网掩码，并配置静态路由。
配置命令如下：

```
<Huawei>system-view
[Huawei]sysname R2
[R2]interface Ethernet 0/0/0
[R2-Ethernet0/0/0]ip address 192.168.80.10 24
[R2-Ethernet0/0/0]interface Serial 0/0/0
[R2-Serial0/0/0]ip address 172.16.0.2 24
[R2]ip route-static 192.168.10.0 255.255.255.0 172.16.0.1
<R2>save
```

如图 3-144 所示，将 Windows XP 的网卡指定到 VMnet1。如图 3-145 所示，设置 IP 地址、
子网掩码、网关分别为 192.168.10.20、255.255.255.0、192.168.10.10。

图 3-144 将 Windows XP 的网卡指定到 VMnet1

图 3-145 设置 IP 地址、子网掩码、网关

将 Windows 2003 的网卡指定到 VMnet8，并设置 IP 地址、子网掩码、网关分别为 192.168.80.20、255.255.255.0、192.168.80.10。

3.7.4 捕获数据包

eNSP 允许我们使用抓包工具 Wireshark 捕获网络中指定链路上的数据包。如图 3-146 所示，右键单击路由器 R1，选择"数据抓包"→"Ethernet 0/0/0"，就会运行前面安装的抓包工具 Wireshark，开始抓包。

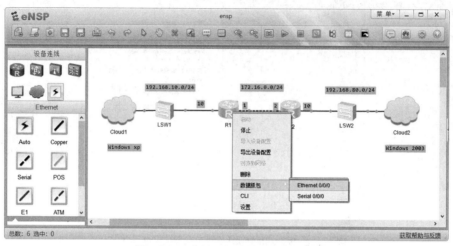

图 3-146　选择要抓取数据包的接口

在 Windows XP 上 ping Windows 2003 的 IP 地址 192.168.80.20，Wireshark 能够捕获 ping 命令发送的数据包，如图 3-147 所示。

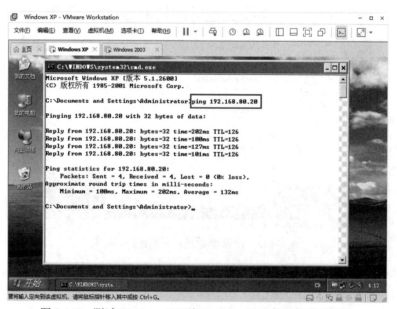

图 3-147　测试 Windows XP 到 Windows 2003 的网络是否畅通

Wireshark 捕获的以太网帧如图 3-148 所示，可以看到以太网的首部有目标 MAC 地址、源 MAC 地址以及类型三个字段。

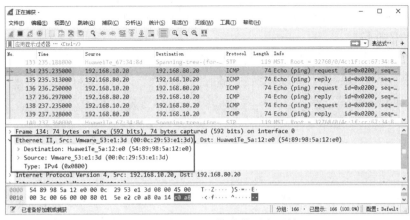

图 3-148　抓包工具捕获的以太网帧

eNSP 可以让我们捕获串口链路上的数据包变得非常容易，如图 3-149 所示，右键单击路由器 R1，单击"数据抓包"→"Serial 0/0/0"。

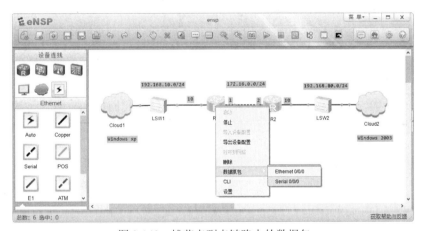

图 3-149　捕获点到点链路中的数据包

如图 3-150 所示，在出现的"eNSP--选择链路类型"对话框中选择 PPP，默认 Serial 链路使用 PPP 协议，单击"确定"按钮。

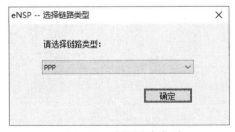

图 3-150　选择链路类型

仍然在 Windows XP 上 ping Windows 2003 的 IP 地址 192.168.80.20，Wireshark 能够捕获串口链路上的数据包。

如图 3-151 所示，可以看到 PPP 链路的帧格式，数据链路层首部有三个字段，分别是地址字段、控制字段和协议字段。和以太网帧不同，PPP 帧没有目标 MAC 地址和源 MAC 地址，但多了 Control（控制）字段。

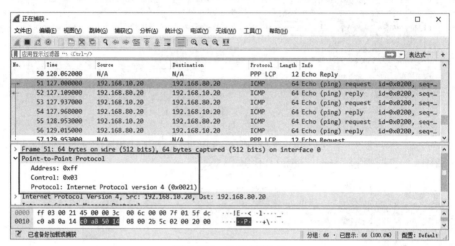

图 3-151　PPP 帧格式

有了 VMware Workstation 和 eNSP 的结合使用，可以让我们很容易地学习 TCP/IP 中的各个协议，学习网络知识不再枯燥、抽象。

第4章
虚拟机的常规应用

本章讲解在使用虚拟机学习或测试的过程中会用到的技术，比如如何将物理机中的一个文件拷贝到虚拟机；在物理机上插入一个 U 盘，如何让虚拟机能够识别；好不容易在虚拟机中搭建好了一个测试环境，你需要使用快照保存一下，以后操作失败后还可以再还原到做快照的状态；你安装了一个虚拟机，但实验环境需要多个虚拟机，那么可以通过克隆技术克隆出多个虚拟机，省去安装多个系统的时间；现有的系统安装在物理机上，可以使用虚拟化技术将物理机抓取到一个虚拟机，在另一个计算机上运行该系统；也可以使用管理工具远程管理安装了 VMware Workstation 的计算机上的虚拟机。

看完这些内容介绍，是否会感到虚拟化技术很神奇呢？很多功能在物理机中都不能实现，但在虚拟机中则会轻而易举地实现，本章就带你体验虚拟化技术带来的便利。

主要内容

- 虚拟机和物理机文件互访
- 让虚拟机使用物理机的 USB 接口
- 给虚拟机做快照
- 克隆虚拟机
- 将物理机抓取到虚拟机
- 远程管理虚拟机
- 验证 TCP 协议的通信机制

4.1 虚拟机和物理机文件互访

在学习和测试过程中，经常需要让虚拟机使用物理机中的文件，或让物理机使用虚拟机中的文件，下面就来介绍虚拟机和物理机之间文件互相访问的方法。

4.1.1　直接复制粘贴

前面讲过在虚拟机中安装了 VMware Tools 这个工具，在物理机中拷贝一个文件，在虚拟机中可以直接粘贴，或者在虚拟机中复制一个文件，可以在物理机中直接粘贴。如图 4-1 所示，在虚拟机中右键单击要复制的文件并选择"复制"选项，在物理机的桌面上右键单击空白处并选择"粘贴"选项即可复制到物理机。感到这很神奇吧？这可是两个不同的环境呀。也可以用直接拖曳的方式从虚拟机到物理机或从物理机到虚拟机拷贝文件。

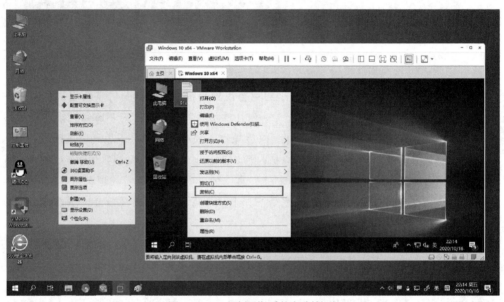

图 4-1　可以跨操作系统复制粘贴

这是最省事的方法，适用于文件不太大的情况。如果需要在虚拟机上安装一个软件，把安装文件拷贝到虚拟机，虚拟机的磁盘文件 Windows 10 x64.vmdk 会变大，安装完后删除该安装文件，磁盘文件不会自动缩小，默认情况下磁盘文件只会自动增大，不会自动缩小释放多余空间。所以说这种方式省事，但不适用于拷贝大的文件。

4.1.2　虚拟机访问物理机中的文件

虚拟机要想使用物理机中的文件，也可以不用拷贝到虚拟机，通过设置就可以直接将物理机中的一个文件夹共享给虚拟机，在虚拟机中可以直接使用。下面就来演示如何把物理机中的"安装文件"文件夹共享给虚拟机。

Step 1　如图 4-2 所示，打开虚拟机 Windows 10 的"虚拟机设置"对话框，在"选项"选项卡中选择"共享文件夹"，在右侧选择"总是启用"单选项，单击"添加"按钮。

图 4-2 将物理机中的文件夹共享给虚拟机

Step 2 如图 4-3 所示，在弹出的"添加共享文件夹向导"对话框中单击"下一步"按钮。

Step 3 如图 4-4 所示，在弹出的"命名共享文件夹"对话框中单击"浏览"按钮，浏览到物理机中要共享给虚拟机的文件夹，指定共享名称，单击"下一步"按钮。

图 4-3 共享向导

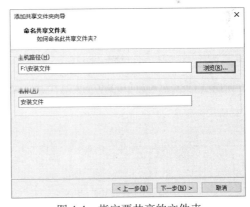

图 4-4 指定要共享的文件夹

Step 4 如图 4-5 所示，在弹出的"指定共享文件夹属性"对话框中可以设置以只读的方式共享，在这里不选择"只读"，单击"完成"按钮。

 注释："只读"表明只能读取共享文件夹中的内容，不能对其中的文件进行拷贝、移动、写入等操作。

4

Chapter

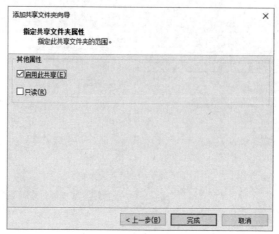

图 4-5　完成共享

Step 5 如图 4-6 所示，可以在"共享文件夹"处看到该共享的文件夹，可以将物理机中的多个文件夹共享给虚拟机，继续单击"添加"按钮再添加一个"数据库 SQL"，单击"确定"按钮。这样就可以在虚拟机中使用物理机中的文件了。

图 4-6　共享文件夹

Step 6 如图 4-7 所示，在 Windows 10 虚拟机中双击桌面上的"此电脑"图标，会看到"网络位置"出现了一个网络驱动器，双击该驱动器。

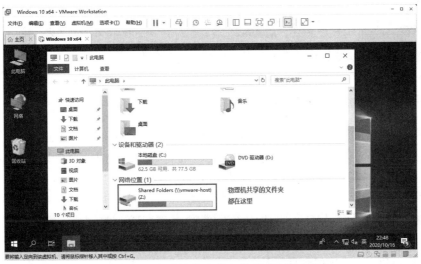

图 4-7　物理机共享的文件夹就在网络驱动器中

注释：所有共享的文件夹都会被放到虚拟机的 Shared Folders 磁盘里。如果大家都按照上面的步骤做了，但还是没有出现 Shared Folders 这个磁盘，那么可以重启虚拟机并重新共享一次，或者检查一下你的虚拟机有没有安装 VMware Tools 这个工具，再者安装完 VMware Workstation 之后你的物理机应该重启不少于一次，若没有，则将物理机重启一下。

如图 4-8 所示，Shared Folders 中的文件夹都是之前共享的。

图 4-8　可以看到物理机中共享的两个文件夹

> 注释：共享文件夹这种方式实现了不用拷贝物理机中的文件到虚拟机却可以在虚拟机中使用的目的，而且虚拟机的磁盘文件不会变大。

4.1.3 通过网络实现物理机和虚拟机文件共享

前面讲了虚拟机的网络，"桥接"模式 VMnet 中的虚拟机可以直接访问物理机的 IP 地址，"仅主机"模式 VMnet 中的虚拟机也可以访问物理机上相应的 VMware Network Adapter VMnet 和物理机通信。NAT 模式 VMnet 中的虚拟机也可以访问物理机的 IP 地址。只要把网络调通了，虚拟机访问物理机或者物理机访问虚拟机就可以通过网络方式进行。

下面就来演示如何设置 VMnet8 中的虚拟机 Windows 10 通过网络访问物理机中的共享文件夹"计算机网络 2020"。

Step 1 将虚拟机 Windows 10 的网卡连接在 VMnet8 中，如图 4-9 所示，设置 IP 地址、子网掩码和网关。

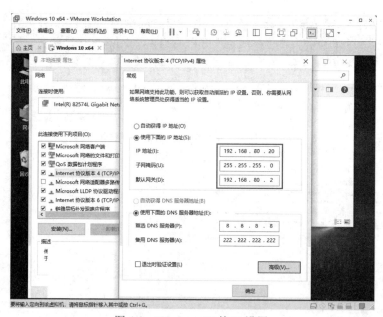

图 4-9　Windows 10 的 IP 设置

Step 2 如图 4-10 所示，物理机中 VMware Network Adapter VMnet8 的 IP 地址设置为 192.168.80.1。

Step 3 上述过程完成后在虚拟机中 ping 物理机的 IP 地址（192.168.80.1），测试网络是否畅通，请大家动手操作，这里不再演示了（如果大家在之前的操作中将 VMware NAT Service 服务禁用了，记得开启此服务）。

图 4-10　设置物理机的 IP 地址

Step 4　如图 4-11 所示，在物理机上右键单击要共享的文件夹"计算机网络 2020"并选择"属性"，在"共享"选项卡中单击"共享"按钮。

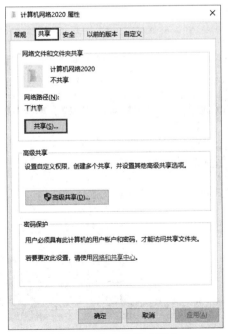

图 4-11　共享给特定用户

Step 5 如图 4-12 所示，在弹出的"选择要与其共享的用户"对话框中单击下拉列表框，选择要授权访问的用户 hanligang，再单击"添加"按钮。

Step 6 如图 4-13 所示，添加完用户后设置该用户的权限级别，选择"读取/写入"，授予用户能够读写的共享权限。

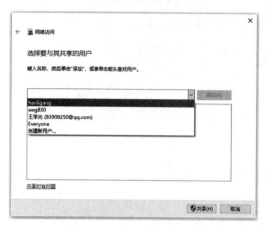

图 4-12　添加要授权的用户

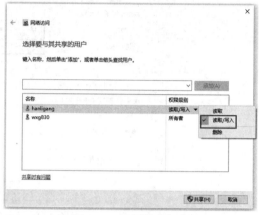

图 4-13　设置共享权限

Step 7 如图 4-14 所示，在虚拟机中按 Win+R 组合键打开"运行"对话框，输入 \\192.168.80.1 后单击"确定"按钮。

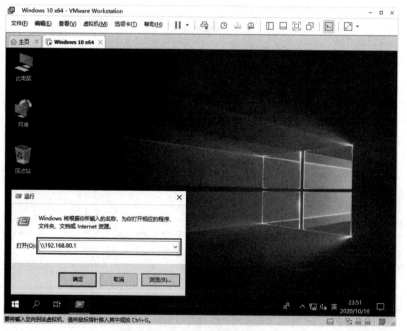

图 4-14　输入物理机的 IP 地址

Step 8 在图 4-15 所示的对话框中输入物理机的用户名和密码，选中"记住我的凭据"复选项，再单击"确定"按钮。

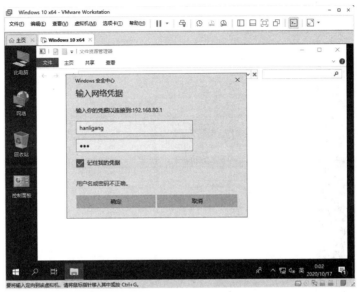

图 4-15　输入访问物理机的用户名和密码

Step 9 如图 4-16 所示，可以看到物理机共享的文件夹，双击可以打开，如果经常访问，则可以映射为网络驱动器，右键单击该共享的文件夹并选择"映射网络驱动器"选项。

图 4-16　映射网络驱动器

Step 10 如图 4-17 所示，在弹出的"要映射的网络文件夹"对话框中指定驱动器，选中"登录时重新连接"复选项，这表示以后该用户登录会自动映射网络驱动器，方便访问，最后单击"完成"按钮。

图 4-17　指定映射的盘符

Step 11 如图 4-18 所示，映射成功后双击桌面上的"此电脑"图标，可以看到"网络位置"出现了映射的网络驱动器，双击即可打开，就像访问本地磁盘一样方便。

图 4-18　映射的网络驱动器

Step 12 如果不打算登录自动映射的网络驱动器，则右键单击映射的网络驱动器并选择"断开连接"选项，如图 4-19 所示。

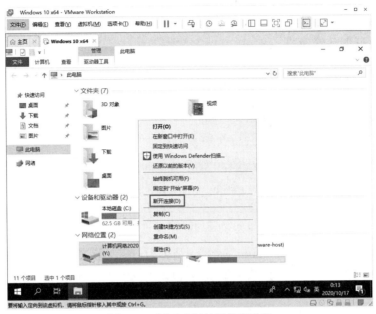

图 4-19 断开映射的网络驱动器

 注释：当然也可以在虚拟机中创建共享文件夹，使用物理机访问虚拟机的共享文件夹，如果访问不成功一定要检查网络是否畅通、防火墙是否关闭，还有就是访问共享的用户一定要设置密码，默认情况下，Windows 10 的安全策略不允许空密码访问共享资源，学完 Windows 系统管理之后你就知道如何更改这个默认设置了。

4.2 让虚拟机使用物理机的 USB 接口设备

虚拟机可以直接使用物理机的 USB 接口，如 USB 接口的摄像头、U 盘和 USB 接口的打印机等。但物理机和虚拟机不能同时使用该 USB 设备，我们可以控制虚拟机是否使用物理机的 USB 设备，虚拟机连接了 USB 设备，物理机就不能使用该设备了，虚拟机断开 USB 设备，物理机才能使用该设备。

4.2.1 添加 USB 设备

虚拟机要想使用 USB 设备，则在设备中必须有 USB 控制器，并且需要物理机上的 VMware

USB Arbitration Service 是运行状态，该服务为虚拟机使用 USB 设备提供支持，停止该服务，虚拟机将不能识别物理机的 USB 设备。下面就来演示检查 VMware USB Arbitration Service 是否已经启动以及如何给虚拟机添加 USB 设备。

Step 1 如图 4-20 所示，在物理机的"运行"对话框中输入 services.msc，然后单击"确定"按钮打开服务管理器。

图 4-20　打开服务管理工具

Step 2 查看 VMware USB Arbitration Service 是否为已启动状态，务必将该服务设置为自动启动且状态为已启动，如图 4-21 所示。如需更改该服务的启动类型和启动状态，则双击该服务。

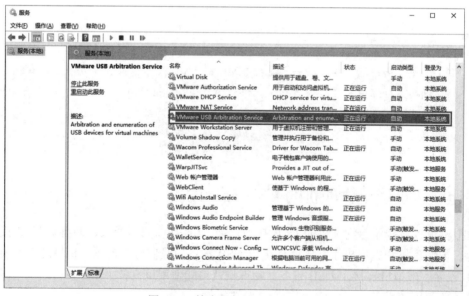

图 4-21　检查服务是否启动（1）

Step 3 如图 4-22 所示，在弹出的"VMware USB Arbitration Service 的属性"对话框中可以设置启动类型和启动服务。

图 4-22　检查服务是否启动（2）

如图 4-23 所示，打开 Windows 10 虚拟机的"虚拟机设置"对话框，可以看到该虚拟机有 USB 控制器，USB 兼容性为 USB 3.1，如果没有 USB 控制器，该虚拟机不能使用物理机的 USB 设备。

图 4-23　检查是否有 USB 控制器

4

Chapter

Step 5 如果没有 USB 控制器，则单击"添加"按钮可以添加 USB 控制器，如图 4-24 所示。由于本虚拟机已经有了 USB 控制器，因此不能再添加了。

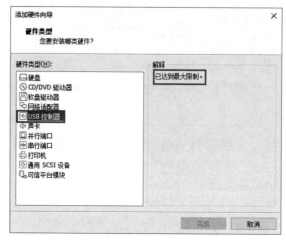

图 4-24　添加 USB 控制器

注释： 添加 USB 控制器这个操作可以在虚拟机开机时或者在关机后进行。

4.2.2　虚拟机连接或断开 USB 设备

下面演示在物理机的 USB 接口插入 U 盘和 USB 摄像头，然后配置虚拟机连接和断开 USB 设备。有些设备驱动程序 Windows 系统已经内置，插上设备自动发现硬件加载驱动程序，这类设备称为即插即用设备，微软的 Windows 不可能把全世界的硬件设备的驱动程序都提前内置在操作系统中，因此那些不常见的、非知名的设备安装驱动程序后 Windows 才能使用。

这里演示的 USB 摄像头虚拟机 Windows 10 系统没有驱动程序，使用前需要先安装驱动程序。

Step 1 如图 4-25 所示，在物理机中插入 U 盘和 USB 接口摄像头，因为要在虚拟机中使用 U 盘，所以单击"虚拟机"→"可移动设备"→SanDisk Firebird USB Flash Drive→"连接（断开与主机的连接）"命令。

Step 2 如图 4-26 所示，可以看到虚拟机识别出 U 盘，加载驱动程序，发现 U 盘，单击"继续，但不要扫描"，可以打开 U 盘。

注释： 因为 Windows 10 系统有 U 盘驱动程序，所以发现 U 盘会自动添加驱动程序，这种设备称为"即插即用"设备。如果 Windows 系统中没有该设备驱动程序，那么你的虚拟机不能连接该设备，后面会演示虚拟机连接 USB 摄像头，没有驱动程序，连接失败。

图 4-25　设置虚拟机连接物理机的 U 盘

图 4-26　虚拟机识别出 U 盘（1）

Step 3 如图 4-27 所示，可以看到虚拟机识别出了 U 盘，可以打开使用。

图 4-27　虚拟机识别出 U 盘（2）

Step 4 连接 USB 摄像头，单击"虚拟机"→"可移动设备"→Sunplus Innovation ASUS USB2.0 Webcam→"连接（断开与主机的连接）"命令，如图 4-28 所示。

图 4-28　连接 USB 摄像头设备

如图 4-29 所示，可以看到虚拟机没有连接成功，因为虚拟机中没有摄像头驱动程序，需要先安装驱动程序才能让虚拟机使用摄像头。

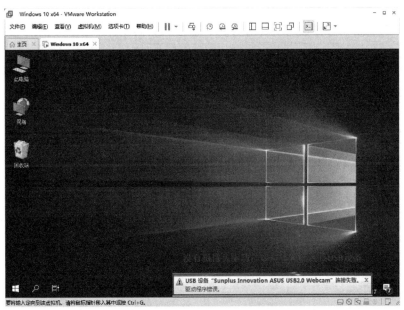

图 4-29　虚拟机没有驱动程序不能使用 USB 设备

如图 4-30 所示，在虚拟机中安装摄像头驱动程序后虚拟机就可以使用物理机的摄像头了。

图 4-30　在虚拟机中的"我"

Step 5 如果打算让虚拟机断开 USB 设备，则单击"虚拟机"→"可移动设备"→Alcor Micro Mass Storage→"断开连接（连接主机）"命令，USB 设备的控制权就交给物理机了，如图 4-31 所示。

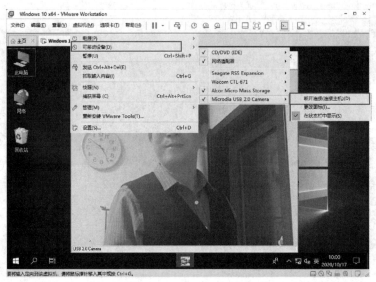

图 4-31　断开 USB 设备

4.3　给虚拟机做快照

　　虚拟机有个快照功能，可以在虚拟机关机或运行状态瞬间保存当前状态，这个功能物理机是没有办法实现的，物理机要想备份安装好的系统，只能使用 ghost 软件备份系统分区或整个磁盘。

　　什么时候会用到快照功能呢？下面给大家介绍几个应用场景。

　　场景一：某气象局打算对河北省的网管员进行技术考试，需要考查对 Windows Server 2008 R2 和 Linux 的操作技能，我负责搭建竞赛环境，于是就在我的笔记本电脑上创建了两个虚拟机：一个 Windows，一个 Linux，搭建好考试环境后将虚拟机拷贝到机房，由于机房计算机数量的限制，考试要分别进行，就是第一批考完，给出成绩后，需要将考试环境恢复到初始状态，第二批开始考试。

　　如何恢复到初始状态呢？这就可以使用虚拟机的快照功能，搭建好考试环境后做个快照，第一批考完之后再还原到快照，恢复到初始状态。

　　场景二：我的一个学生是企业的网管，域控制器出现问题需要我帮忙解决，这个问题我也是第一次遇到，是否能够搞定我也没有完全的把握。好在他们的域控制器运行在虚拟机中，在做危险操作之前给域控制器虚拟机做快照，然后就可以放心大胆地进行各种尝试，如果失败，还可以还原到快照，换一种方法进行测试。

场景三：我给一个企业的 IT 部门做技术支持，该单位不允许办公用的计算机访问 Internet，主要是担心计算机中病毒。但是该单位的办公人员又需要访问 Internet 查找资料，怎么办呢？我给他们想了个两全其美的办法，在每个办公用的计算机上安装 VMware Workstation 创建虚拟机，在虚拟机中安装完 Windows 10 后做快照，让他们使用虚拟机访问 Internet 查找资料，万一虚拟机中病毒了，也不用杀毒，直接还原到快照即可。

场景四：上学期我给河北师范大学软件学院的两个班上计算机网络原理的课程，在一个虚拟机中搭建教学环境，做快照并保存快照名为"初始环境"，两个班讲课进度不完全一样，第一个班下课后给虚拟机做快照"1 班第一节课"，给第二个班上课前还原到"初始环境"，课程结束后做快照"2 班第一节课"，下周给 1 班上课，可以恢复到"1 班第一节课"快照，继续 1 班的课程，下课后做快照"1 班第二节课"，给第二个班上课恢复到快照"2 班第一节课"。

如图 4-32 所示，可以给虚拟机做多个快照，并且可以在这些快照之间随意跳转。好神奇的技术，让我们来看看如何实现吧。

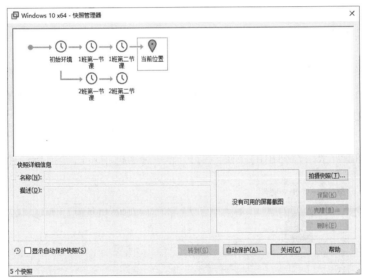

图 4-32　创建的多个快照

4.3.1　做快照和还原到快照

如果你觉得虚拟机现在的状态有保存价值，那么就可以做快照，比如你花费半小时在虚拟机中安装 Windows 10，激活系统，以后有可能需要返回到现在的这个状态，你就可以做一个快照，可以在虚拟机的运行状态或关机状态做快照。

先来演示在虚拟机关机的时候做快照，再来演示如何在开机状态下给虚拟机做快照以及如何在"快照管理器"中创建树形结构的快照图。

Step 1 如图 4-33 所示，关闭虚拟机，再单击"虚拟机"→"快照"→"快照管理器"命令。

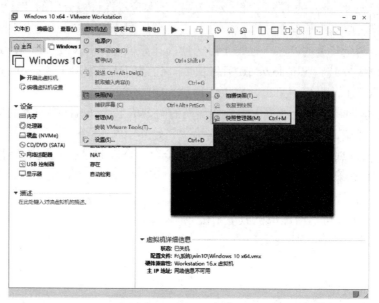

图 4-33　打开快照管理器

 注释：也可以直接单击"拍摄快照"命令，这里为了更直观，我们先打开"快照管理器"。

Step 2 如图 4-34 所示，在弹出的"快照管理器"对话框中单击"拍摄快照"按钮。

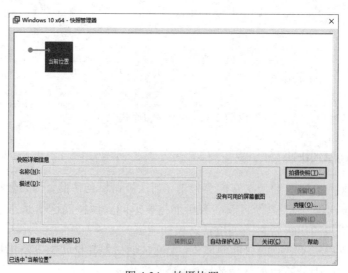

图 4-34　拍摄快照

Step 3 如图 4-35 所示，在弹出的"拍摄快照"对话框中输入快照名称，如 clearSystem，为防止以后忘记该状态下登录的虚拟机账号和密码，可以将其在描述中记录下来，最后单击"拍摄快照"按钮。

图 4-35 写入描述信息

Step 4 如图 4-36 所示，创建快照后在"快照管理器"对话框中可以看到创建的快照，选中创建的快照可以看到快照的描述。

图 4-36 还原到快照 clearSystem

Step 5 如图 4-37 所示，现在将该虚拟机开启，为了让大家看到快照的效果，从物理机里复制一个远程工具软件到虚拟机中，再拍摄快照，打开快照管理工具，选中"当前位置"，单击"拍摄快照"按钮。

Step 6 在弹出的"拍摄快照"对话框中输入快照名称，单击"拍摄快照"按钮，如图 4-37 所示。

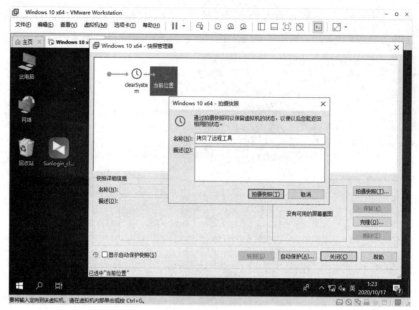

图 4-37　拍摄快照

Step 7　如图 4-38 所示，再从物理机中拖曳一个抓包工具安装文件到虚拟机中，再拍摄快照。

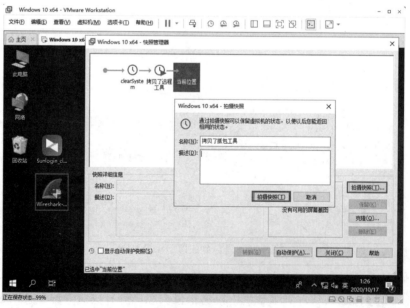

图 4-38　创建快照

Step 8　上述两个快照做完后再打开"快照管理器"对话框，如果没有出现图 4-39 所示的界面，则将虚拟机关机后再查看。

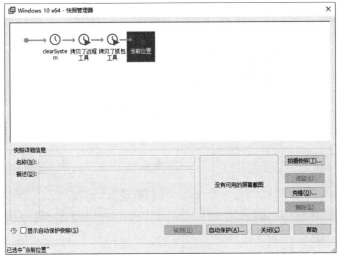

图 4-39　查看快照

Step 9 现在需要重新搭建一个环境，这需要从干净的 Windows 开始，打开"快照管理器"对话框，选中 clearSystem，再单击"转到"按钮，然后单击"是"按钮，如图 4-40 所示。

 注释：当恢复到以前的快照后当前位置的状态将会丢失，除非你给当前位置做了快照，以后还可以再转到现在的状态。

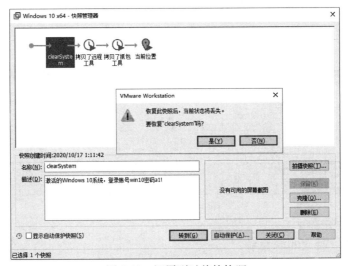

图 4-40　还原到以前的快照

Step 10 如图 4-41 所示，选中"当前位置"，然后单击"拍摄快照"按钮。

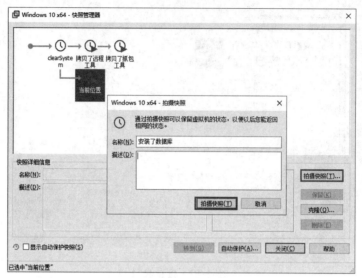

图 4-41　创建快照

Step 11　如图 4-42 所示，可以看到"快照管理器"对话框中的快照出现了树形结构，可以让你的虚拟机再恢复到任何一个快照状态。

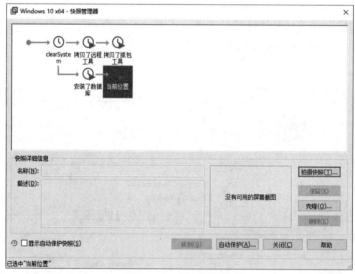

图 4-42　快照跳转

4.3.2　快照和磁盘文件之间的关系

快照可以将运行的虚拟机状态瞬间保存，并且不影响虚拟机的运行，这是如何做到的呢？下面就来看看虚拟机是如何实现快照的。

如图 4-43 所示，打开"快照管理器"对话框，记下虚拟机的当前位置，再打开"虚拟机设置"对话框查看虚拟机磁盘文件是 Windows 10 x64-000003.vmdk，如图 4-44 所示。

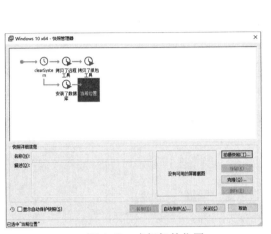

图 4-43　虚拟机的位置

图 4-44　当前状态磁盘文件

如图 4-45 所示，打开"快照管理器"对话框，选中名为"拷贝了抓包工具"的快照，单击"转到"按钮，在弹出的确认对话框中单击"是"按钮，如图 4-46 所示，可以看到现在虚拟机切换到了新位置。

图 4-45　转到快照

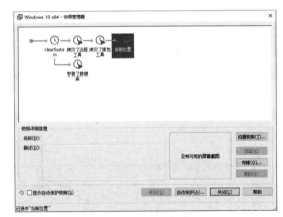

图 4-46　虚拟机新位置

再次打开虚拟机配置文件，可以看到这个位置的磁盘文件为 Windows 10 x64-000005.vmdk，如图 4-47 所示，虚拟机在不同的快照时使用的是不同的磁盘。下面介绍虚拟机做快照和虚拟机磁盘之间的关系。

4
Chapter

图 4-47　不同的位置磁盘文件不同

打开存放虚拟机的文件夹，如图 4-48 所示，可以看到有多个扩展名为 vmdk 的虚拟机磁盘文件，我们创建虚拟机时磁盘文件名为 Windows 10 x64.vmdk，当创建快照 clearSystem 后该磁盘文件立刻变成只读，虚拟机会生成一个新的磁盘文件 Windows 10 x64-000001.vmdk，以后虚拟机修改磁盘中的文件、向磁盘中增加文件、删除文件等都存储在新的磁盘文件 Windows 10 x64-000001.vmdk 中。当创建"拷贝了远程工具"快照后，Windows 10 x64-000001.vmdk 磁盘文件立即变成只读文件，虚拟机会生成一个新的磁盘文件 Windows 10 x64-000002.vmdk，当创建快照"拷贝了抓包工具"后，虚拟机会生成一个新的磁盘文件 Windows 10 x64-000003.vmdk，当前位置用的就是该磁盘。

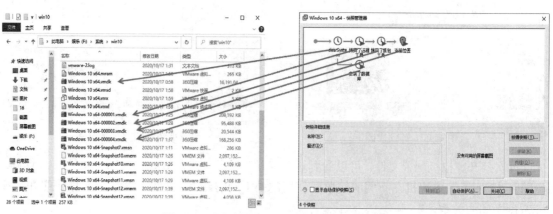

图 4-48　虚拟机快照和磁盘文件的对应关系

　　如果不做快照而直接跳转到"安装了数据库"快照，如图 4-49 所示，Windows 10 x64-000003.vmdk 磁盘文件将不会存在，也就是删除，同时会产生一个新的磁盘文件 Windows 10 x64-000005.vmdk，该磁盘文件就是虚拟机当前位置使用的磁盘文件。

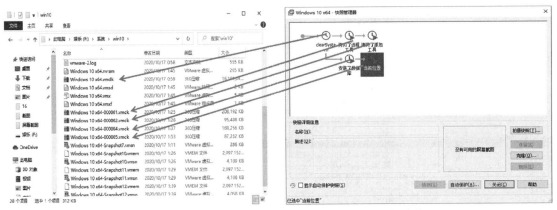

图 4-49　跳转到"安装了数据库"快照后磁盘文件的变化

　　删除快照会删除相应的快照文件，如图 4-50 所示，选中"拷贝了抓包工具"快照，然后单击"删除"按钮。

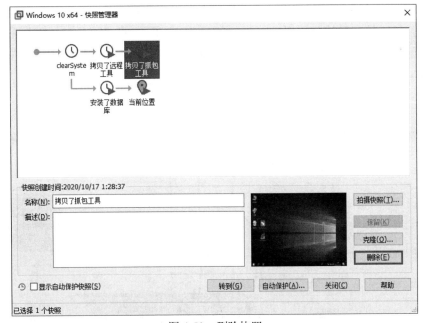

图 4-50　删除快照

　　如图 4-51 所示，删除快照后相应的磁盘文件 Windows 10 x64-000002.vmdk 也被删除。

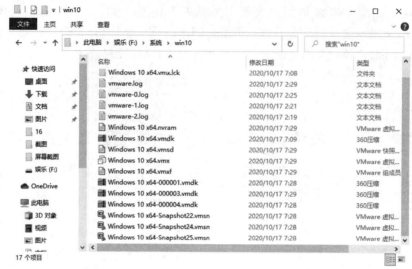

图 4-51　删除快照后相应的磁盘文件也被删除

4.3.3　虚拟机快照原理

如图 4-52 所示，假如磁盘 Windows 10 x64.vmdk 文件有三个文件 A、B 和 C，做快照 clearSystem 后该磁盘文件变为只读，里面的三个文件不能被修改、删除，也不能向该磁盘添加新文件。但是还是需要访问磁盘 Windows 10 x64.vmdk 中的文件，该怎么办呢？做完快照之后，虚拟机使用新的磁盘文件 Windows 10 x64-000001.vmdk，通过该磁盘文件能够读取到 Windows 10 x64.vmdk 磁盘的文件。

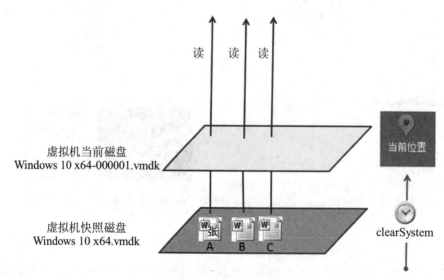

图 4-52　通过当前磁盘可以读取以前的文件

如图 4-53 所示，做快照后，如果 A 文件被修改，内容由"张"改为"韩"，保存，修改后的 A 文件保存在当前磁盘 Windows 10 x64-000001.vmdk 中，以后再读取 A 文件就不再读取 Windows 10 x64.vmdk 磁盘中的 A 文件。

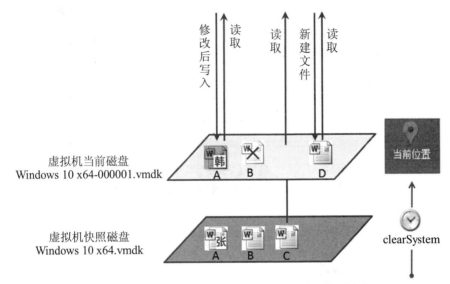

图 4-53　做快照后新文件更改操作都记录在当前磁盘中

做快照后删除了 B 文件，会在当前磁盘 Windows 10 x64-000001.vmdk 标记该文件被删除，因此在当前磁盘中就看不到 B 文件，注意 Windows 10 x64.vmdk 磁盘中的 B 文件还是存在的。

做快照后新创建的文件 D 会被记录在当前磁盘 Windows 10 x64-000001.vmdk 中。

做快照后的 C 文件只是读取没有被修改，因此该文件不会出现在虚拟机当前磁盘 Windows 10 x64-000001.vmdk 中。

总结：做快照后，虚拟机读取的文件是虚拟机快照磁盘和虚拟机当前磁盘两个磁盘中的文件。

在上面的基础上再创建一个快照"创建了 D 文件"。如图 4-54 所示，Windows 10 x64-000001.vmdk 变为快照磁盘，成为只读。虚拟机产生一个新的磁盘文件 Windows 10 x64-000002.vmdk 作为虚拟机使用的当前磁盘。创建快照后 A 文件内容由"韩"改为"赵"，保存在当前磁盘文件 Windows 10 x64-000002.vmdk 中。

由图 4-54 可以看到这些磁盘文件之间有依赖关系，不能随便删除磁盘文件，同时也可以看到做快照会占用磁盘空间，比如 A 文件在三个磁盘文件中都有。如果虚拟机的某个快照不打算用了，则可以删除快照以释放占用物理磁盘的空间。

如图 4-55 所示，删除快照"创建了 D 文件"：关闭虚拟机，打开"快照管理器"对话框，选中"创建了 D 文件"快照，单击"删除"按钮，可以看到弹出"正在清理已删除文件"进度框。

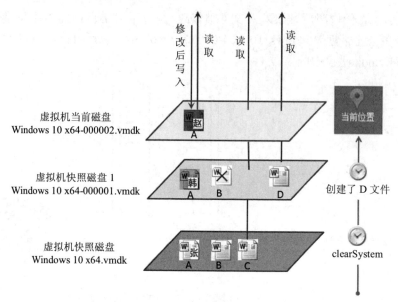

图 4-54　多个快照下的磁盘文件访问关系

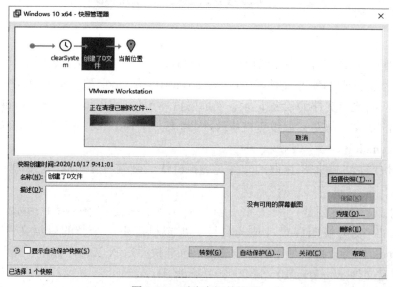

图 4-55　删除中间的快照

　　删除快照时磁盘清理其实就是磁盘 Windows 10 x64-000002.vmdk 和 Windows 10 x64-000001.vmdk 合并的过程。有些文件，比如在磁盘文件 Windows 10 x64-000001.vmdk 存储的　文件，在删除快照时被删除，删除后的结果如图 4-56 所示，当前虚拟机的磁盘文件为 Windows 10 x64-000001.vmdk。

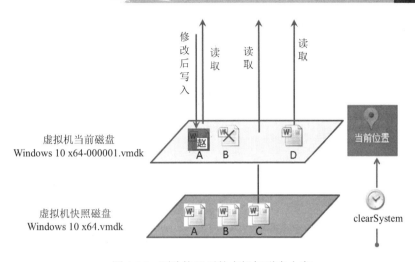

图 4-56　删除快照后的虚拟机磁盘内容

4.3.4　删除快照的技巧

删除中间的快照需要与后面的磁盘文件合并数据，因此会耽误很长时间，删除中间的快照最好关闭虚拟机后再删除，否则可能会卡住不动。如图 4-57 所示，要删除中间的这些快照，当前位置的状态也不打算保留，如何快速删除快照才能避免在删除快照过程合并数据呢？

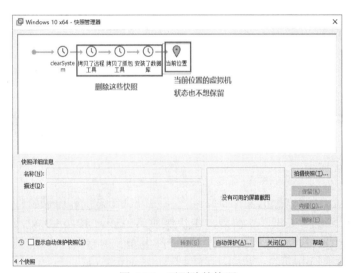

图 4-57　要删除的快照

如图 4-58 所示，将虚拟机转到 clearSystem 这个快照，选中最后的快照"安装了数据库"，单击"删除"按钮，依次删除"拷贝了抓包工具"和"拷贝了远程工具"，这种删除快照的方法可以直接删除快照磁盘文件，而不用与快照后面的磁盘文件合并数据。

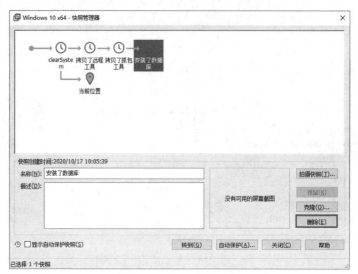

图 4-58　快照删除顺序

4.4　克隆虚拟机

在虚拟机中安装了一个 Windows 10，现在你的学习环境需要两个 Windows 10。如果再安装一个 Windows 10 虚拟机，就太耽误时间了，VMware Workstation 允许使用一个安装好的虚拟机克隆出多个虚拟机。

克隆出的虚拟机一模一样，计算机名称、IP 地址可以更改，但是计算机的 SID（安全标识）在安装时生成没有办法手动更改。如果你的学习环境要求虚拟机加入域，则要求虚拟机的 SID 必须唯一，否则控制器认为一个 SID 是一台计算机。

如果想让克隆出来的虚拟机自动生成新的 SID、输入新的计算机名称，则需要把计算机去掉 SID 后再做快照，克隆出来的新系统会自动生成新的 SID、输入新的计算机名称和 IP 地址。

4.4.1　克隆虚拟机的原理

如图 4-59 所示，克隆虚拟机要求准备一个安装好操作系统和所需软件的虚拟机 Windows 10 作为模板，去掉 SID 后关机，做快照。做快照后 Windows 10.vmdk 就成为只读的，即可使用快照克隆出新的虚拟机，该过程为新的虚拟机产生新的磁盘文件 Windows 10-cl1.vmdk，新的磁盘文件以磁盘文件 Windows 10.vmdk 为基础，通过 Windows 10-cl1.vmdk 磁盘文件可以读取模板磁盘文件上的数据，克隆出来的虚拟机新增文件和修改后的文件保存在该克隆虚拟机的磁盘文件中，可以看到这个模板可以让多个虚拟机使用，也就是多个虚拟机使用的操作系统部分是同一个，从而节省磁盘空间。

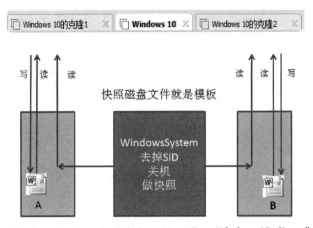

图 4-59　使用快照克隆新的系统

　　克隆产生的虚拟机磁盘 Windows 10-cl1.vmdk 和 Windows 10-cl2.vmdk 依赖于模板磁盘文件 Windows 10.vmdk，如果该文件改名、更改目录或者删除，都将造成克隆出来的虚拟机运行失败。

4.4.2　克隆虚拟机

　　下面演示如何把一个安装了 Windows 10 的虚拟机去掉 SID、关机、做快照，使用快照作为模板克隆出新的虚拟机系统。

Step 1　如图 4-60 所示，关闭虚拟机 Windows 10，打开"快照管理器"对话框，删除全部快照。

图 4-60　删除虚拟机快照

Step 2 如图 4-61 所示，运行并登录虚拟机，按 Win+R 组合键即可打开"运行"对话框，输入 sysprep，单击"确定"按钮。

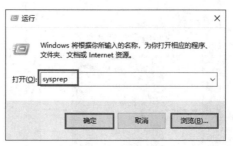

图 4-61　运行 sysprep

Step 3 如图 4-62 所示，在打开的文件夹中可以看到有 sysprep 文件，双击该文件打开"系统准备工具"对话框，选中"通用"复选项，"关机选项"选择"关机"，单击"确定"按钮。

图 4-62　运行 sysprep 去掉 SID

> **注释**：选择"通用"选项会去掉该计算机的 SID 和计算机名称这些唯一性设置，从而克隆出的新系统会生成新的 SID 和输入新的计算机名称。

Step 4 虚拟机运行完 sysprep 后自动关机。如图 4-63 所示，打开"快照管理器"对话框，选中"当前位置"，单击"拍摄快照"按钮。

Step 5 如图 4-63 所示，在弹出的"拍摄快照"对话框中输入名称 clearSystem without SID，单击"拍摄快照"按钮。

图 4-63　拍摄快照

Step 6 如图 4-64 所示，选中创建的快照 clearSystem without SID，单击"克隆"按钮。

图 4-64　使用快照克隆

Step 7 如图 4-65 所示，在弹出的"欢迎使用克隆虚拟机向导"对话框中单击"下一步"按钮。

Step 8 如图 4-66 所示，在弹出的"克隆源"对话框中选中"现有快照"单选项并在下拉列表框中选择 clearSystem without SID 快照，单击"下一步"按钮。

图 4-65　克隆虚拟机向导

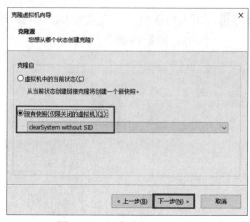

图 4-66　"克隆源"对话框

注意：如果选择虚拟机中的当前状态克隆，则意味着该虚拟机不能运行了，因为一运行虚拟机磁盘文件必将遭到修改，克隆出来的虚拟机就不能运行了，使用快照则没问题，因为快照后磁盘文件变成了只读的。能够被用来克隆系统的快照必须是关机状态下做的快照，运行状态下做的快照不能用来克隆新的虚拟机。

Step 9　如图 4-67 所示，在弹出的"克隆类型"对话框中选择"创建链接克隆"单选项，单击"下一步"按钮。

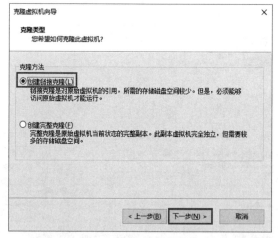

图 4-67　指定克隆类型

注释：在"克隆虚拟机原理"中讲到的使用模板创建的克隆就是链接克隆，克隆出来的新的虚拟机磁盘依赖于模板磁盘，克隆出来的虚拟机磁盘占用磁盘空间小。完整克隆是当前状态的完整拷贝，不依赖于模板磁盘，克隆出来的新的虚拟机占用磁盘空间大。

4
Chapter

Step 10 如图 4-68 所示，在弹出的"新虚拟机名称"对话框中输入虚拟机名称，指定存放虚拟机的位置，然后单击"完成"按钮。

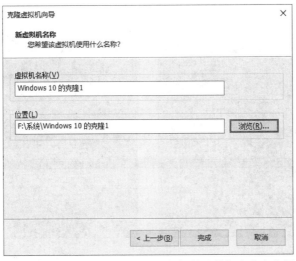

图 4-68 指定存放克隆出来的虚拟机的计算机名称和位置

Step 11 如图 4-69 所示，可以看到克隆好的新的虚拟机，能够看到该虚拟机是从哪个虚拟机克隆出来的，单击"开启此虚拟机"。

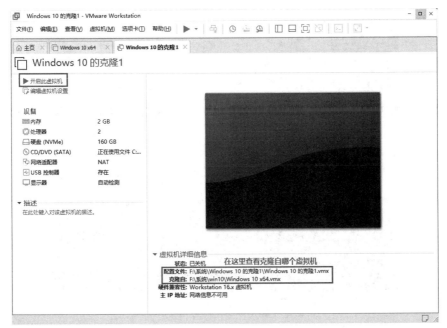

图 4-69 查看是使用哪个虚拟机克隆出来的

Step 12 如图 4-70 所示，启动克隆的虚拟机，有检测硬件安装驱动程序的过程。

Step 13 如图 4-71 所示，选择国家或地区，然后单击"下一步"按钮。

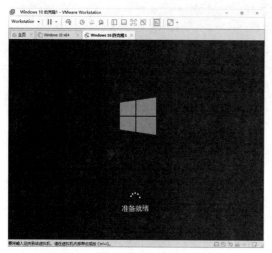

图 4-70　检测硬件安装驱动程序　　　　　　　图 4-71　选择国家或地区

Step 14 如图 4-72 所示，输入使用该计算机的用户名，然后单击"下一步"按钮。

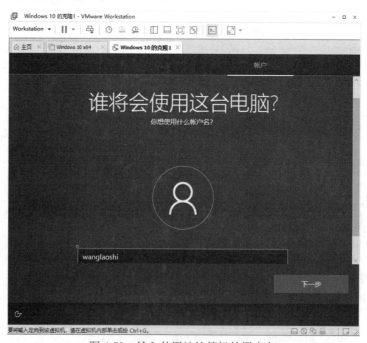

图 4-72　输入使用该计算机的用户名

Step 15 如图 4-73 所示，为账户设置密码并确认密码，然后单击"下一步"按钮。

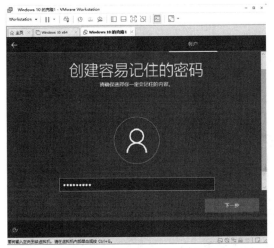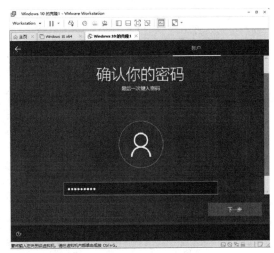

图 4-73   输入用户密码并确认密码

Step 16 如图 4-74 所示,在弹出的"为此账户创建安全问题"对话框,设置三个安全问题,然后单击"下一步"按钮。

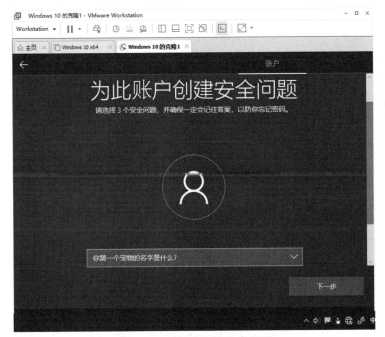

图 4-74   为账户设置安全问题

Step 17 在弹出的"为你的设备选择隐私设置"对话框中,单击"接受"。

Step 18 如图 4-75 所示,在等待几分钟后,显示克隆的虚拟机启动成功。

图 4-75　克隆成功

现在有两个虚拟机可以用了，分别是 Windows 10 和 "Wndows 10 的克隆 1"，如图 4-76 所示，有的读者或许会感到奇怪，Windows 10 是模板虚拟机，不是已经变成只读的了吗？大家一定要弄清楚，在克隆系统时使用的是 Windows 10 的快照，只要快照磁盘文件不被删除或更改即可。

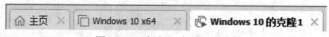

图 4-76　克隆出来的虚拟机

4.4.3　查看计算机的 SID

现在介绍一下如何查看计算机的 SID。

Step 1　用我们的物理机在微软站点 https://technet.microsoft.com/en-us/sysinternals/bb897417 下载一个 PsGetSid 的压缩包 📦 PSTools.zip，然后解压，如图 4-77 所示，将解压后的所有文件拷贝到 "Windows 10 的克隆 1" 和 Windows 10 这两个虚拟机的 C 盘 Windows 文件夹中，这样，这些命令就可以像 Windows 中的命令一样使用了。

Step 2　单击 "开始" → "运行" 命令（或者按 Win+R 组合键），输入 cmd 并单击 "确定" 按钮，在弹出的对话框中输入 psgetsid 并回车，在弹出的对话框中单击 Agree 按钮，如图 4-78 所示。

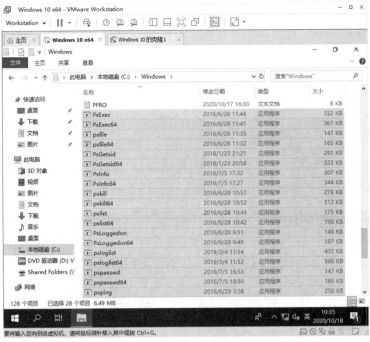

图 4-77　拷贝工具到 Windows 文件夹中

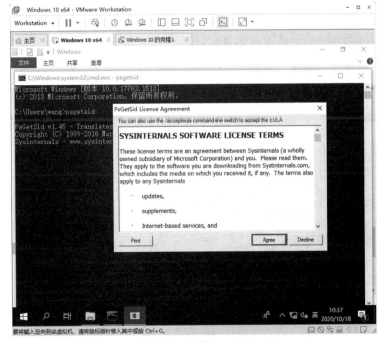

图 4-78　运行 psgetsid

如图 4-79 所示，可以看到虚拟机 Windows10 的 SID。

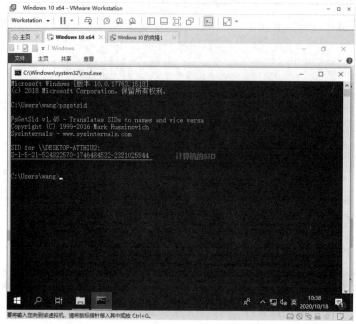

图 4-79　计算机的 SID

图 4-80 所示是"Windows 10 的克隆 1"虚拟机的 SID。对比图 4-79 可以看出，这两个虚拟机的 SID 不同，因为它们是从没有 SID 的快照重新生成的新系统。

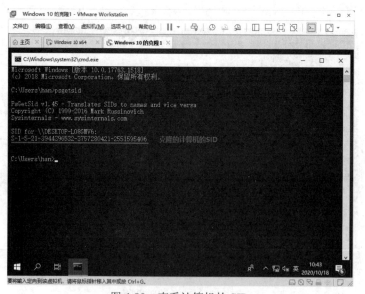

图 4-80　查看计算机的 SID

Step 3 不同的系统处理 SID 的方法不同，以 Windows XP 为例，去掉 SID 的命令在 Windows XP 的安装光盘中，因此先开启虚拟机并将安装盘插入光驱，如图 4-81 所示。

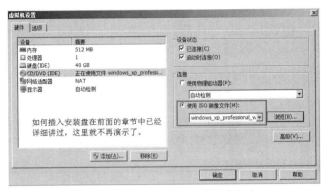

图 4-81　开启虚拟机并将安装盘插上

Step 4 如图 4-82 所示，打开光盘中的 D:\SUPPORT\TOOLS\DEPLOY.CAB 目录，将其中的 setupcl 和 sysprep 这两个文件一起拷贝到桌面上。

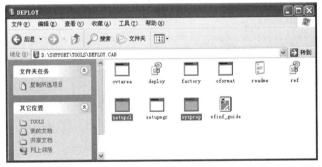

图 4-82　打开光盘

Step 5 如图 4-83 所示，在桌面上双击 sysprep 文件弹出"系统准备工具"对话框，单击"确定"按钮。

图 4-83　运行 sysprep 工具

Step 6 如图 4-84 所示，单击"重新封装"按钮即可重装系统产生新的 SID。

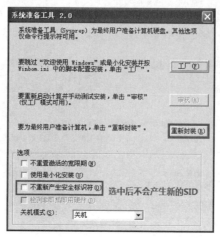

图 4-84　重新封装并重启会生成新的 SID

如果需要经常克隆系统，则可以这样做：在运行完 sysprep 命令后，在"关机模式"处选择"关机"，然后在关机状态下做快照，这样一来以后要做克隆就用该快照克隆，克隆出来的虚拟机一开机就会重装系统继而产生新的 SID，不会出现 SID 相同的情况。Windows 2003 产生新的 SID 的方法和 Windows XP 是一样的，这里不再演示。

4.4.4　如何解决源虚拟机位置变化后虚拟机不能运行的问题

链接克隆出来的虚拟机运行时需要定位到源虚拟机，如图 4-85 所示，可以看到克隆出来的虚拟机记录了源虚拟机主机的位置，如果源虚拟机主机的位置或目录发生了改变，克隆出来的虚拟机将不能运行。发生这种情况后如何让链接克隆的虚拟机能正常运行呢？

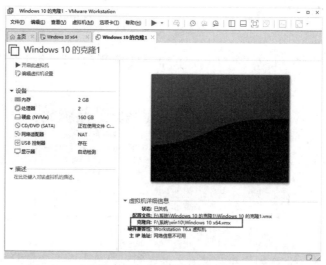

图 4-85　查看该虚拟机是使用哪个虚拟机克隆出来的

Step 1 如图 4-86 所示，更改源虚拟机目录，将存放源虚拟机的文件夹由 win10 更改为 Windows 10。

图 4-86　更改源虚拟机目录

Step 2 如图 4-87 所示，单击"开启此虚拟机"启动链接克隆出来的虚拟机，出现对话框提示找不到源虚拟机，单击"浏览"按钮。

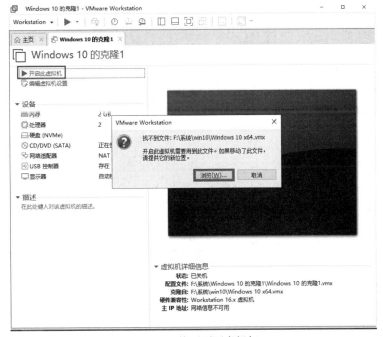

图 4-87　找不到源虚拟机

Step 3 如图 4-88 所示，浏览到源虚拟机的位置，选中扩展名为 vmx 的文件，单击"打开"
按钮，克隆出来的虚拟机开始运行。

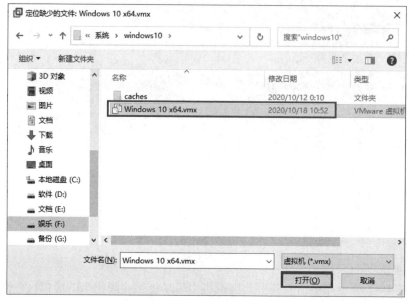

图 4-88 浏览到源虚拟机所在的位置

4.4.5 虚拟机位置变化启动时选择复制或拷贝的区别

如果把虚拟机从一个分区拷贝到另一个分区，或者从其他计算机拷贝虚拟机，或者虚拟机
所在的文件夹位置变化了，启动时总是会有提示信息。

如图 4-89 所示，更改虚拟机所在的文件夹，将"Windows 10 的克隆 1"更改为"Windows
10 的克隆 2"，再次打开这个文件夹的虚拟机。

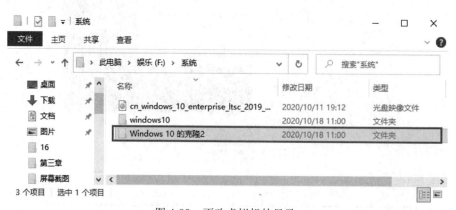

图 4-89 更改虚拟机的目录

如图 4-90 所示，出现提示对话框，询问该虚拟机是移动了位置还是复制了该虚拟机，先单击"取消"按钮。

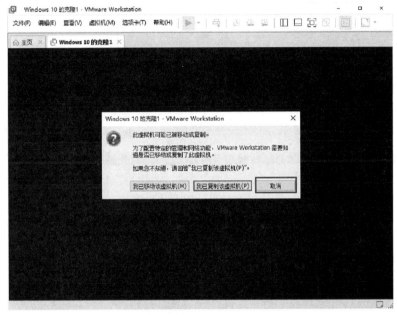

图 4-90　选择复制还是移动了虚拟机

单击"我已移动该虚拟机"按钮，说明这个虚拟机只是改变了存储位置，还是原来的那个虚拟机，网卡的 MAC 地址还使用原来的；单击"我已复制该虚拟机"按钮，说明你的物理机上有两个相同的虚拟机，这两个虚拟机的网卡 MAC 地址不能相同，然后会为这个虚拟机产生一个新的 MAC 地址，同时也会为该虚拟机生成一个新的 UUID。

 注释：UUID 的全称是 Universally Unique IDentifier。UUID 是指在一台机器上生成的 128 位的数字，它保证对在同一时空中的所有机器都是唯一的 UUID，用它来区别每个虚拟机之间的差异。在虚拟机被开启或移动时，UUID 会自动生成。

下面演示"我已复制该虚拟机"对虚拟机 MAC 地址的影响。

Step **1**　如图 4-91 所示，打开"虚拟机设置"对话框，选中"网络适配器"，在右侧单击"高级"按钮，可以看到现在的网卡 MAC 地址，记下来。

Step **2**　如图 4-92 所示，再次运行虚拟机，在弹出的对话框中单击"我已复制该虚拟机"。

Step **3**　如图 4-93 所示，再次打开"虚拟机设置"对话框，可以看到该虚拟机的网卡使用了新的 MAC 地址。

图 4-91　查看现在的 MAC 地址

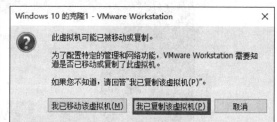

图 4-92　单击"我已复制该虚拟机"按钮

图 4-93　新的 MAC 地址

4.5　将物理机抓取到虚拟机

很多企业的 IT 部门都开始着手将服务器部署在虚拟化平台了，以前的服务器和应用都部署在物理机上,若是能将运行在物理机上的服务器原封不动地抓取到虚拟机则可以实现整个机房服务器的虚拟化。VMware 公司提供了一个工具能够让我们轻而易举地将现有物理机上的系统抓取到一个虚拟机,这种从物理到虚拟转换的技术称为 Physical to Virtual,简称 P2V。

4.5.1 将物理机抓取到虚拟机的应用场景

下面介绍一下将物理机抓取到虚拟机的几种应用场景,希望能够达到抛砖引玉、举一反三的效果。

(1)升级硬件。某电厂有一个邮件服务器,这个服务器是 2000 年时配置的,到了 2004 年用户量增加导致现有服务器收发电子邮件响应缓慢。现在购买了一个新的 IBM 服务器,也就是说现在有一个硬件更好的邮件服务器,想把之前那个邮件服务器迁移到新的服务器。如果迁移数据库,那么很简单,直接备份数据库还原到新的数据库服务器即可,如果迁移文件夹,直接拷贝一份到新的服务器即可,但是邮件服务器和域账号绑定,域用户和操作系统绑定,操作系统安装在硬件中,没有办法将整个系统提取出来。在 2004 年还没有将物理机抓取到虚拟机的技术,当时费了很大的周折才迁移了域用户和邮箱,耗时一星期。现在我们来做这个迁移就很简单了,直接将原来服务器所在的系统抓取到新的服务器的虚拟机中,那么这个硬件升级的过程就是虚拟化的一个过程了。

(2)升级前测试。某医院的域控制器是 Windows Server 2003,邮件系统是 Exchange 2003,现在需要升级域控制器为 Windows Server 2008 R2,Exchange 升级到 Exchange 2010,在升级过程中遇到错误,医院的网管不敢轻举妄动,打电话找我,让我想办法升级。其实我也没有把握升级成功,若是去现场做升级,升级失败就会影响医院几百台计算机的使用,这影响就大了,怎么办呢?

突然想起虚拟化技术,我让医院的网管把现在的域控制器和邮件服务器抓取到虚拟机中,将虚拟机拷贝到移动硬盘寄过来。收到虚拟机后就在我的笔记本电脑中将现有环境做快照,然后运行虚拟机,开始各种测试,测试失败了恢复到快照重新开始,经过一周的努力,终于找到了解决问题的办法,然后胸有成竹地去了现场,一天完成升级。如果没有虚拟机的测试,我可不敢在没有把握的情况下在生产环境中做修改。

(3)虚拟机可以临时替代物理机。某企业的办公网站是找北京一家软件公司开发并部署在服务器上的,该单位的 IT 运维人员不会部署该网站,特别担心该服务器硬件故障造成办公网站不能访问。我建议他将该网站抓取到虚拟机,万一哪一天服务器硬件出现故障,开启这个服务器抓取的虚拟机还可以作为临时替代。这样就可以有时间维修服务器,重装系统,找北京的软件公司重新部署。

这家公司的网站和数据库是不同的服务器,企业用户无论访问服务器上的办公网站还是访问虚拟机上的办公网站,数据库用的就是同一个,因此不用担心虚拟机中的数据和物理机中的数据不一致的问题。

4.5.2　将物理机抓取到虚拟机

来看一下将物理机抓取到虚拟机所需要的环境，如图 4-94 所示，需要三个角色，在 A 计算机上安装转换服务，B 计算机是要转换的物理服务器，C 计算机共享了一个文件夹，用来存放抓取出来的虚拟机。

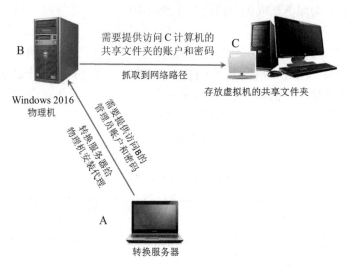

图 4-94　将物理机抓取到虚拟机所需要的环境

注释：给物理机安装代理的时候转换服务器必须知道其管理员的账户和密码。代理抓取物理机的存放位置必须指定使用 UNC 路径即"\\IP 地址\文件夹名字"，这就需要为代理软件提供一个访问该共享文件夹的账户和密码。

下面演示如何虚拟化物理主机，如果你只有一个学习用的计算机如何做这个实验呢？如图 4-95 所示，可以用一个虚拟机来当作物理机，将其抓取到你的计算机的一个共享文件夹，本实验需要一个安装了 Windows Server 2016 的虚拟机来充当物理机。

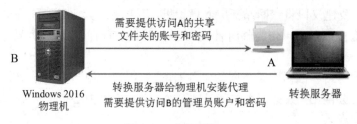

图 4-95　实验环境

4.5.3 下载和安装转换工具

Step 1 下载转换工具，该软件是一个独立的软件，需要单独下载和安装。如图 4-96 所示，打开浏览器，输入 https://www.vmware.com/cn 并回车，单击"下载"，再单击 vCenter Converter。

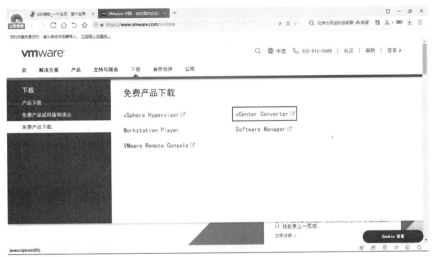

图 4-96 下载转换软件

Step 2 如图 4-97 所示，下载前需要输入账户和密码，你可以注册新用户，也可以使用我的账户和密码，用户名为 onesthan@hotmail.com，密码为 P@ssw0rd，登录后向下拉动右侧的滑动条，即可看到下载界面。

图 4-97 输入账户和密码

Step 3 如图 4-98 所示，找到最新版本 VMware vCenter Converter 6.2.0，单击 GO TO DOWNLOADS 按钮。

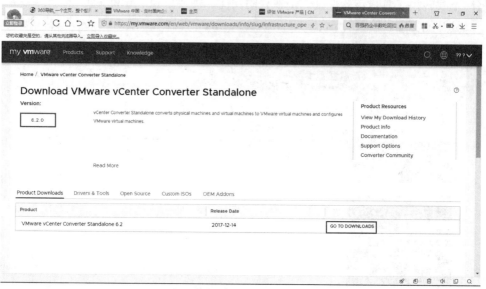

图 4-98　下载最新版本

Step 4 在你的计算机上安装 VMware vCenter Converter，双击下载的软件，如图 4-99 所示，在出现的欢迎界面中单击"Next"按钮。

Step 5 如图 4-100 所示，在弹出的 End-User Patent Agreement 对话框中单击"Next"按钮。

图 4-99　欢迎界面

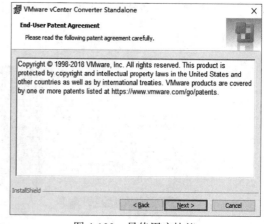

图 4-100　最终用户协议

Step 6 如图 4-101 所示，在弹出的 End-User License Agreement 对话框中选中 I agree to the terms in the License Agreement 单选项，再单击"Next"按钮。

Step 7 如图 4-102 所示，在弹出的 Destination Folder 对话框中保持默认路径，单击"Next"按钮。

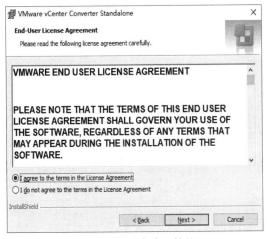

图 4-101 用户许可协议

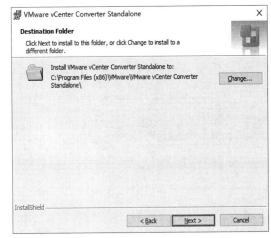

图 4-102 安装路径

Step 8 如图 4-103 所示，在弹出的 Setup Type 对话框中选中 Local installation 单选项，再单击"Next"按钮。

Step 9 如图 4-104 所示，在弹出的 Ready to Install 对话框中单击"Install"按钮完成最后的安装。

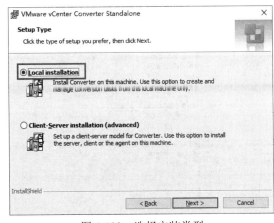

图 4-103 选择安装类型

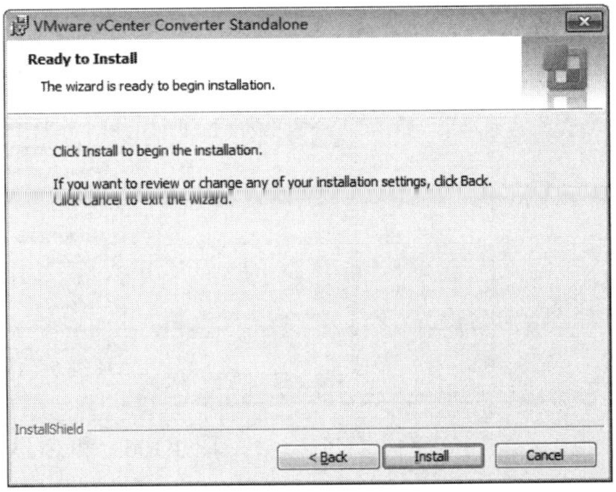

图 4-104 准备好安装

如图 4-105 所示，安装成功后会自动打开转换工具。

Step 10 如图 4-106 所示，打开服务管理工具，可以看到在你的计算机上安装了和 Converter 相关的三个服务且已经启动。这三个服务停止，你将不能进行物理机到虚拟机的转换。

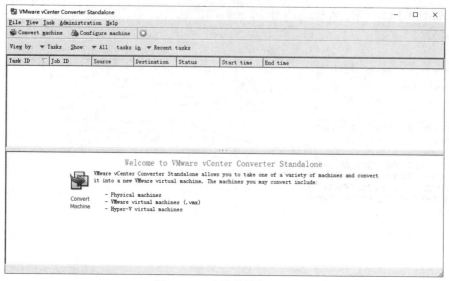

图 4-105　安装的转换工具

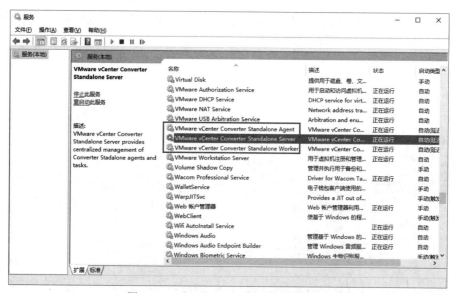

图 4-106　和 Converter 相关的三个服务

4.5.4　创建存储虚拟机的共享文件夹

如图 4-107 所示，在学习用的计算机上创建一个文件夹 VM，右键单击 VM 文件夹选择"属性"，在"共享"选项卡中选择"共享"按钮。

如图 4-108 所示，添加用户 han，并使其具有读取/写入的权限，单击"共享"按钮完成共享。

4
Chapter

图 4-107　共享 VM 文件夹

图 4-108　设置共享权限

4.5.5　转换物理机

打开 Windows server 2016 虚拟机，下面的操作将把这个虚拟机当作物理机，然后将其抓取到一个虚拟机。

Step 1　如图 4-109 所示，打开 Windows server 2016 虚拟机，把虚拟机的网卡指定到 VMnet8，IP 地址设置为 192.168.80.123。

图 4-109　更改 IP 地址

Step 2　如图 4-110 所示，打开命令提示符，输入 net user administrator www.91xueit.com，设置管理员密码为 www.91xueit.com。

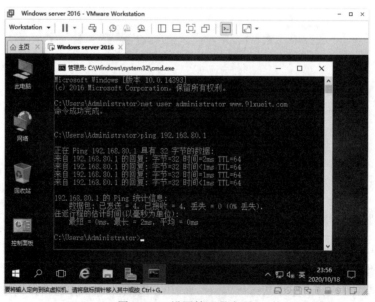

图 4-110　设置管理员密码

注释：在 Windows Server 2016 系统中用户密码必须满足密码策略，要求密码必须包括数字、字符、特殊符号并且满足长度要求。

本实验要求管理员必须有密码，因为 Windows Server 2012、Windows Server 2016 和 Windows 7 空密码用户不允许访问其共享资源。

Step 3 如图 4-110 所示，输入 ping 192.16.80.1 测试到你的计算机是否通，可以看到能够 ping 通，如果不通则检查物理机的 VMware Network Adapter VMnet8 的 IP 地址，关闭计算机的防火墙。

Step 4 下面的操作将关闭 Windows server 2016 的防火墙。如图 4-111 所示，按 Win+R 组合键打开"运行"对话框，输入 wf.msc，再单击"确定"按钮。

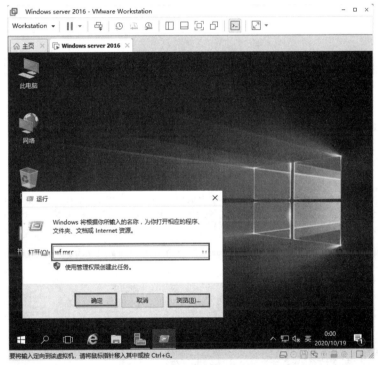

图 4-111　打开高级防火墙管理工具

Step 5 如图 4-112 所示，打开"高级安全 Windows 防火墙"窗口，选中"本地计算机上的高级安全 Windows 防火墙"，在右侧可以看到"公用配置文件是活动的"，单击"Windows 防火墙属性"。

Step 6 在弹出的"高级安全 Windows 防火墙-本地计算机 属性"对话框的"公用配置文件"选项卡中将防火墙状态设置为"关闭"，然后单击"确定"按钮，如图 4-112 所示。

图 4-112　查看活动的配置文件关闭防火墙

Step　7　如图 4-113 所示，单击"开始"→"Windows 管理工具"→"本地安全策略"命令。

图 4-113　打开本地安全策略

Step 8 如图 4-114 所示，打开"本地安全策略"管理工具，选择"本地策略"→"安全选项"，双击右侧的"网络访问：本地账户的共享和安全模型"，在弹出的对话框中选择"经典-对本地用户进行身份验证，不改变其本来身份"。

图 4-114　设置本地安全策略

注释：这个安全设置在 Windows Server 2008、Windows Server 2012、Windows Server 2016 和 Windows 10 中默认就是"经典-对本地用户进行身份验证，不改变其本来身份"。Windows XP 和 Windows 7 这些操作系统默认是"仅来宾"，这就意味着只允许用户使用 guest 账户访问，该用户账户没有权限安装代理和抓取物理机。下面的演示就是想告诉大家抓取 Windows XP 和 Windows 7 需要检查这个设置。

Step 9 如图 4-115 所示，打开 VMware vCenter Converter Standalone 窗口，单击 Convert machine。

Step 10 如图 4-116 所示，在弹出的 Source System 对话框中选择源类型为 Powered on，下拉列表框中选择 Remote Windows machine，也就是远程的一个开着的主机，指定访问远程主机的 IP 地址或名称、账户、密码，然后单击"Next"按钮。

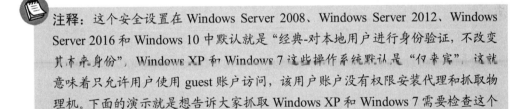
注释：指定的账户必须有远程计算机的管理员身份，密码不能为空。

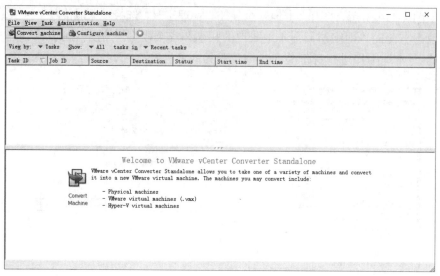

图 4-115　转换计算机

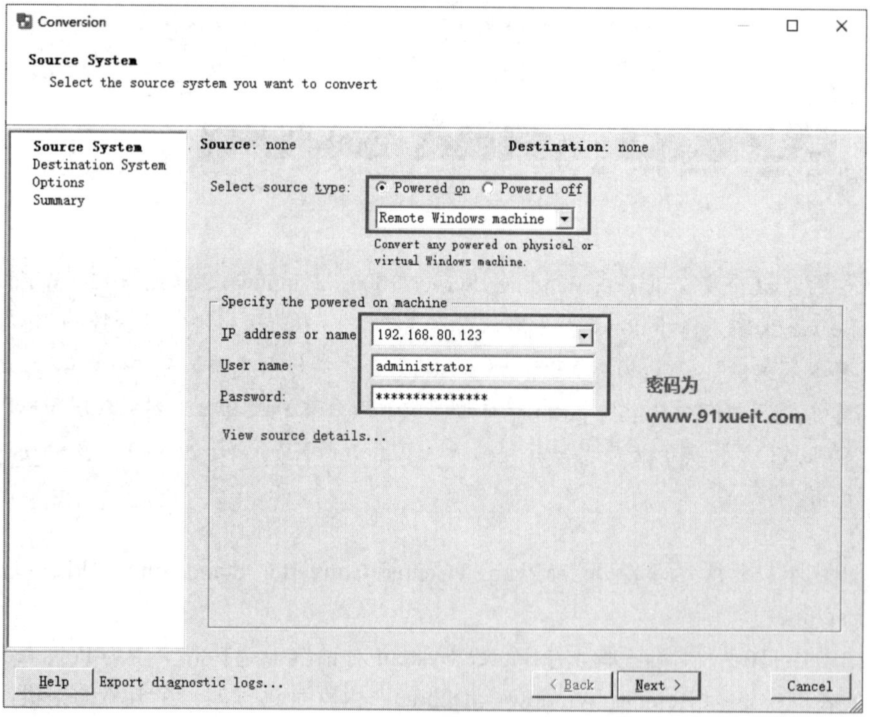

图 4-116　选择要转换的源系统

Step 11 如图 4-117 所示，弹出对话框让你选择转换完成后转换代理如何卸载，选择 Automatically uninstall the files when import succeeds，然后单击"Yes"按钮。

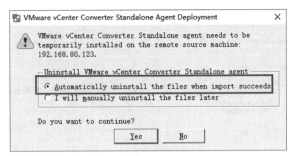

图 4-117　抓取完成后自动卸载代理

Step 12 如图 4-118 所示，可以看到给远程计算机部署的转换代理软件。该过程要将代理软件拷贝到要转的服务器并在远程服务器上安装代理服务。

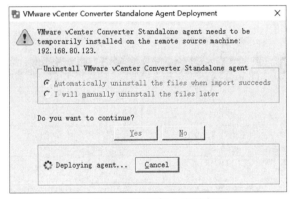

图 4-118　在物理机上安装代理

> **注释：** 该过程要求要转换的服务器有默认共享，有很多学生告诉我他们在这一步失败，我让他们检查服务器是否有默认共享，打开一看没有，原来他们安装的系统是从网上下载的番茄花园 ghost 版的，该系统已经把默认共享删除了，造成安装失败，所以在企业环境中大家最好从微软站点下载干净的操作系统安装盘进行安装。

Step 13 如图 4-119 所示，单击虚拟机 Windows server 2016 打开"服务器管理器"窗口，单击"工具"，选择"服务"，可以看到已经安装了 VMware vCenter Converter Standalone Agent 服务并且已经处于"正在运行"状态，该服务负责将这台计算机进行虚拟化。

Step 14 如图 4-120 所示，在弹出的 Destination System（目标系统）对话框中选择要转化的目标类型、和哪个 VMware Workstation 版本兼容，指定虚拟机的名称和存放位置，这里的存放位置指的是你物理机的 IP 地址和物理机共享的文件夹 VM，输入访问该共享目录的账户和密码，单击"Next"按钮。

4
Chapter

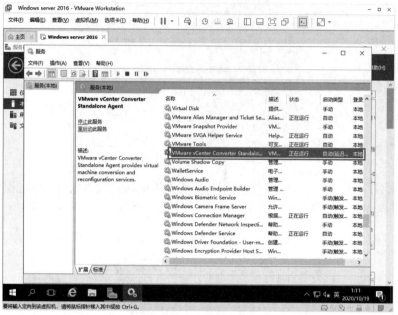

图 4-119　查看安装的服务

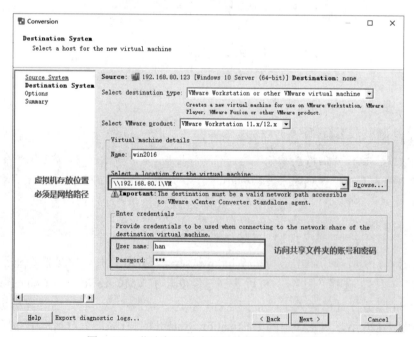

图 4-120　指定抓取的虚拟机的存放位置和凭证

Step 15 如图 4-121 所示，弹出 Options 对话框，如果打算更改抓取的一些设置，则单击"Edit"按钮。

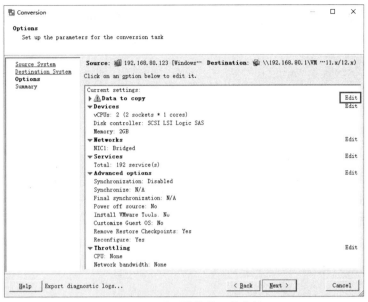

图 4-121　设置转换的一些参数

Step 16 如图 4-122 所示，单击 Data to copy 可以设置要转换的磁盘，比如只想转换操作系统，E 盘存储的都是图纸文件，你可以只选择系统磁盘 C，但是如果有些软件安装到其他分区如 E 分区，则必须将 C 和 E 分区都抓取到虚拟机，否则安装在 E 分区的程序将不能运行。在这里只有 C 分区，其他设置不要动，直接单击"Next"按钮。

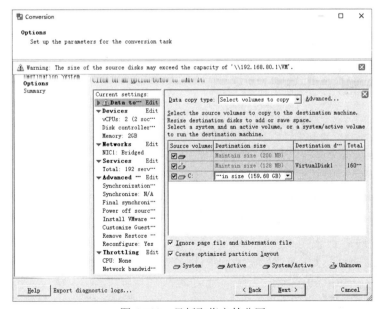

图 4-122　只抓取指定的分区

Step 17 如图 4-123 所示，单击 Networks 可以设置网卡的数量和连接类型，在这里我们指定一个网卡，连接类型选择 Bridged，单击"Next"按钮。

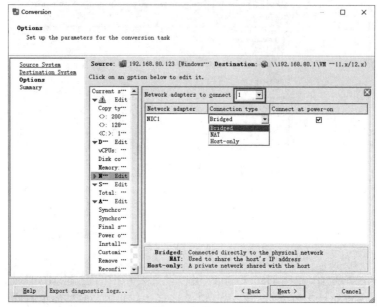

图 4-123 设置网卡数量和连接类型

Step 18 如图 4-124 所示，检查转换的设置，没问题就单击"Finish"按钮。

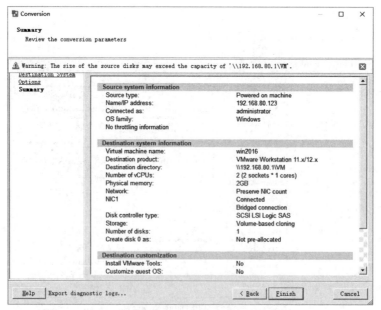

图 4-124 设置检查

Step 19 如图 4-125 所示，可以看到有一个转换任务，十几分钟就转换完成了。

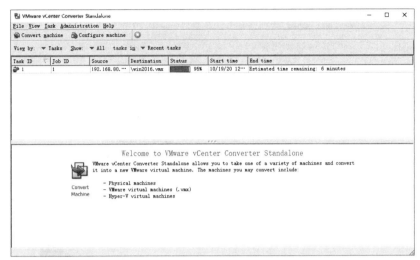

图 4-125　转换进度

注释：如果设置都是正确的，但抓取虚拟机却不成功，那么可以重复多次试验并检查你填写的账户名和密码是否正确。抓取完成的时间与被抓取的虚拟机的数据的大小、带宽等因素有关。如果抓取失败，则要查看安装的系统是否是使用 ghost 版的系统安装的。

Step 20 如图 4-126 所示，抓取到功后打开存放虚拟机的文件夹，可以看到有两个文件，双击 win2016.vmx 即可运行该虚拟机。

图 4-126　抓取的物理机

4.6　远程管理虚拟机

VMware Workstation 除了能够在本地创建虚拟机和管理本地虚拟机外，还可以连接另外一个安装了 VMware Workstation 的远程计算机，管理远程计算机上的虚拟机，如图 4-127 所示。

图 4-127　远程管理

下面就来演示两个安装了 VMware Workstation 的物理机。如图 4-128 所示，将使用 A 计算机远程管理 B 计算机上共享的虚拟机，B 计算机上没有共享的虚拟机，将不能远程管理。

图 4-128　远程管理虚拟机

4.6.1　设置共享目录

以下操作在 B 计算机上执行，设置虚拟机的默认路径和共享虚拟机的存储路径。创建一个没有被共享的虚拟机。

Step 1　在 B 计算机上安装 VMware Workstation 15.5，设置虚拟机默认存储位置。如图 4-129 所示，单击"编辑"→"首选项"命令。

 注释： VMware Worksation 16.0 不再支持"共享虚拟机"，因此在 VMware Worksation 15.5 下创建"共享虚拟机"。

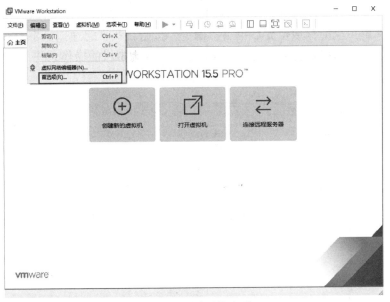

图 4-129　设置首选项

Step 2 如图 4-130 所示，在弹出的"首选项"对话框中选中"工作区"，设置"虚拟机的默认位置"，即创建新的虚拟机时虚拟机存放的默认位置，这里要指定一个有足够大空间的磁盘分区。

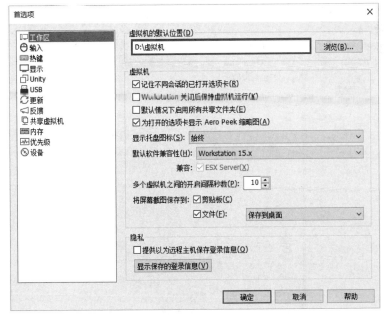

图 4-130　设置虚拟机的默认位置

Step 3 如图 4-131 所示，选中"共享虚拟机"，可以看到虚拟机共享和远程访问已启用，指定共享虚拟机的存放位置后单击"确定"按钮。共享的虚拟机将会移入该文件夹，如果还打算远程安装虚拟机，则应将要安装的虚拟机的操作系统 ISO 文件也放到该目录中。

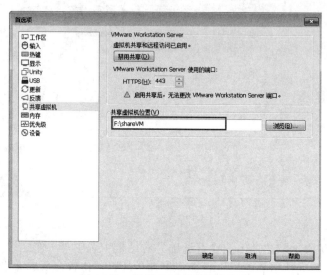

图 4-131　设置共享虚拟机的位置

Step 4 如图 4-132 所示，选中"共享的虚拟机"，可以看到目前还没有共享的虚拟机。

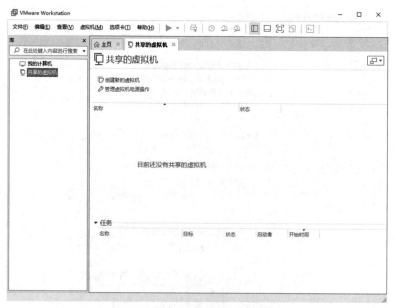

图 4-132　查看共享的虚拟机

Step 5 如图 4-133 所示，单击"创建新的虚拟机"，在弹出的"新建虚拟机向导"界面中单击"下一步"按钮。

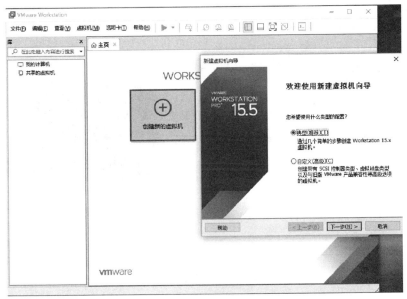

图 4-133　创建虚拟机

Step 6 如图 4-134 所示，选择要安装的虚拟机操作系统，在弹出的"命名虚拟机"对话框中可以看到虚拟机的默认位置，该位置是首选项指定的位置，当然你也可以浏览到其他目录，在这里保持默认，单击"下一步"按钮。

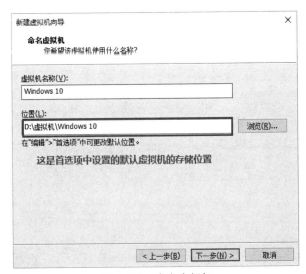

图 4-134　命名虚拟机

如图 4-135 所示，可以看到刚才创建的虚拟机没有出现在共享虚拟机下面，该虚拟机没有共享就不能被远程管理。

图 4-135　创建没有共享的虚拟机

4.6.2　连接远程虚拟机

在 A 计算机上远程连接 B 计算机，当然需要输入 B 计算机的具有管理员身份的账户和密码才可以，同时 B 计算机的防火墙也必须允许远程连接才行，如果连接不成功，则要检查网络是否畅通、B 计算机的防火墙是否关闭。

Step 1　如图 4-136 所示，打开 VMware Workstation，再单击"连接远程服务器"。

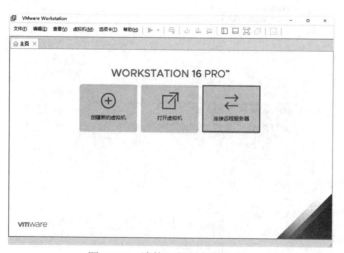

图 4-136　连接远程服务器（1）

Step 2 如图 4-137 所示，在弹出的"连接服务器"对话框中输入 B 计算机的 IP 地址、用户名和密码，然后单击"连接"按钮。

图 4-137 连接远程服务器（2）

Step 3 如图 4-138 所示，在弹出的"无效的安全证书"对话框中选中"总是信任具有此证书的主机"复选项，然后单击"仍然连接"按钮，这样以后连接就不再提示证书无效了。

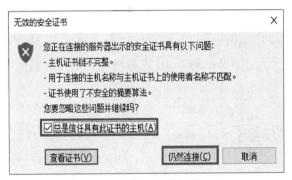

图 4-138 连接远程服务器（3）

Step 4 如图 4-139 所示，在弹出的提示记录登录信息对话框中选中"不再显示此消息"复选项，再单击"记住"按钮，以后连接该远程服务器就不再需要密码了。

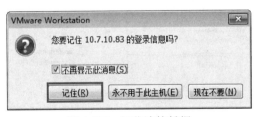

图 4-139 记住连接凭据

Step 5 如图 4-140 所示，连接成功后可以看到远程计算机的 CPU、内存和磁盘使用情况，可以单击"创建新的虚拟机"来直接创建共享的虚拟机。我们前面创建的虚拟机在这里并没有出现，因为没有共享。

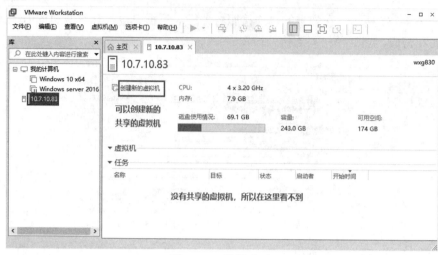

图 4-140　连接成功

4.6.3　共享虚拟机

在 B 计算机上共享刚才创建的虚拟机 Windows 10，授权 han 用户能够管理该虚拟机。

Step 1　如图 4-141 所示，选中 Windows 10 虚拟机，单击"虚拟机"→"管理"→"共享"命令。

图 4-141　共享虚拟机

Step 2　如图 4-142 所示，在弹出的"欢迎使用共享虚拟机向导"对话框中单击"下一步"按钮。

图 4-142　虚拟机共享向导

Step 3 如图 4-143 所示，在弹出的"选择传输类型"对话框中指定共享虚拟机的名称，选中"移动虚拟机"单选项，这样会将该虚拟机从 E:\VMware 目录移动到共享目录 F:\shareVM\Windows 10，如果选择"创建虚拟机的完整克隆"单选项，则会复制一个 Windows 10 到共享目录中。

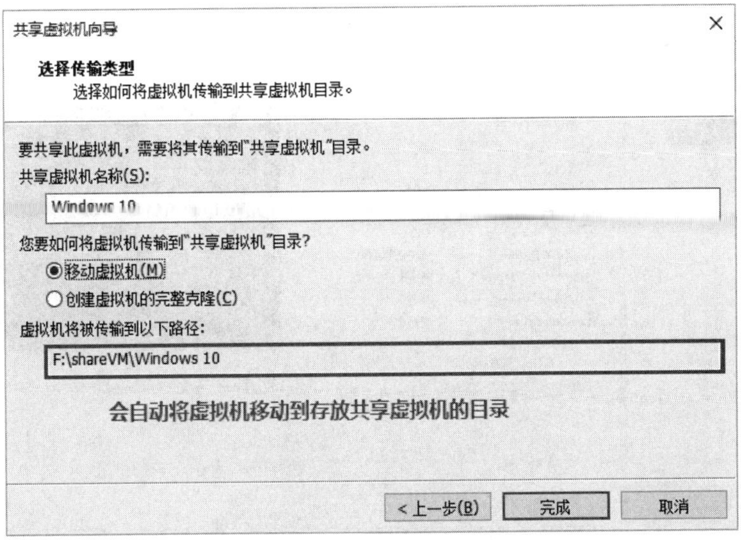

共享虚拟机向导　　　　　　　　　　　　　　　　　　　　×

选择传输类型
　　选择如何将虚拟机传输到共享虚拟机目录。

要共享此虚拟机，需要将其传输到"共享虚拟机"目录。
共享虚拟机名称(S)：

Windows 10

您要如何将虚拟机传输到"共享虚拟机"目录？
　◉ 移动虚拟机(M)
　○ 创建虚拟机的完整克隆(C)
虚拟机将被传输到以下路径：

F:\shareVM\Windows 10

会自动将虚拟机移动到存放共享虚拟机的目录

< 上一步(B)　　完成　　取消

图 4-143　指定共享选项

　　如图 4-144 所示，共享虚拟机的创建过程需要关闭虚拟机、移动虚拟机、注册虚拟机，最终完成共享。

4
Chapter

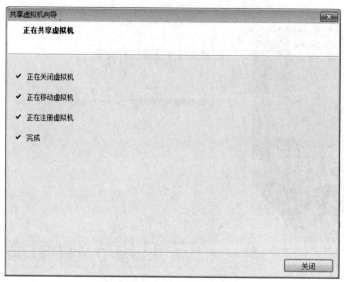

图 4-144　共享完成

如图 4-145 所示，共享完成后可以看到 Windows 10 虚拟机已经移动到"共享的虚拟机"下。

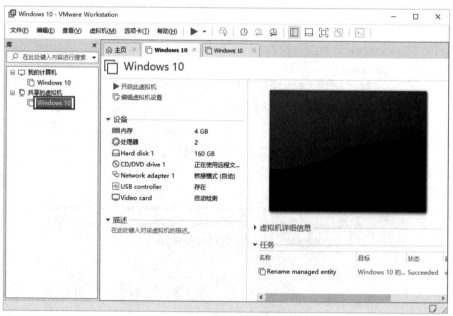

图 4-145　查看共享的虚拟机

Step 4　共享了虚拟机，还要设置权限，授权用户能够远程管理。如图 4-146 所示，单击"虚拟机"→"管理"→"权限"命令。

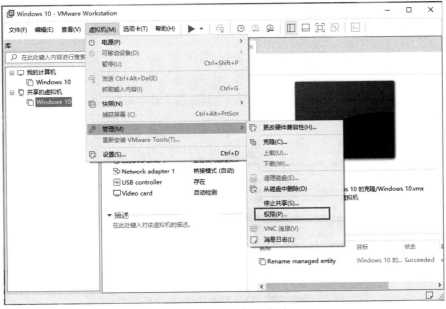

图 4-146　打开权限设置

Step 5　如图 4-147 所示，在弹出的"权限"对话框中可以看到 Administrators 组已经有 Administrator 权限，也就是最高权限，要想授予其他用户访问共享虚拟机的权限，则单击"添加"按钮。

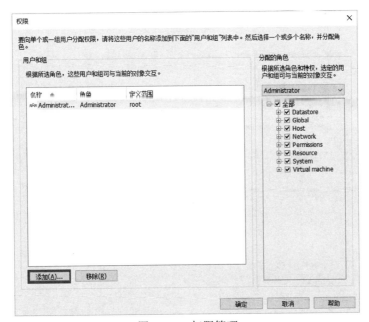

图 4-147　权限管理

Step 6 如图 4-148 所示，在弹出的"选择用户和组"对话框中选中要授权的用户，然后单击"添加"按钮。

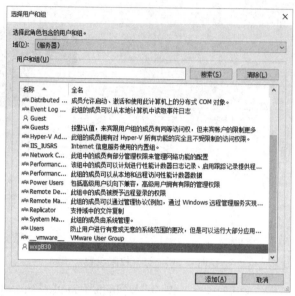

图 4-148　选择用户

Step 7 如图 4-149 所示，添加用户后单击添加的用户分配角色，选择 Administrator，该角色有最高访问权限。

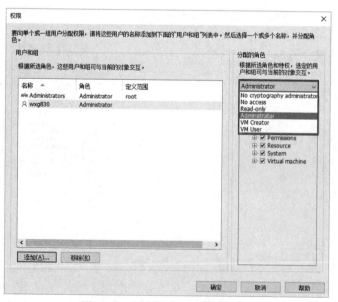

图 4-149　给新增加用户分配角色

Step 8 如图 4-150 所示，在弹出的对话框中单击"分配权限"按钮。

图 4-150　分配权限

4.6.4　管理共享的虚拟机

在 B 计算机上共享了一个虚拟机，现在在 A 计算机上就可以看到，可以在 A 计算机上操作该虚拟机，包括给该虚拟机安装操作系统和更改硬件设置等，和管理本地虚拟机没有什么差别。

要想给远程的虚拟机安装操作系统，可以使用远程计算机上的 ISO 安装文件，也可以使用本地计算机上的 ISO 文件。

Step 1 如图 4-151 所示，可以看到共享的 Windows 10 虚拟机。

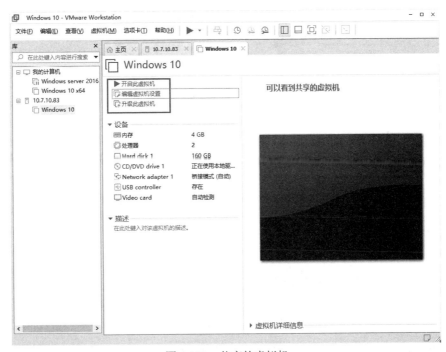

图 4-151　共享的虚拟机

Step 2 如图 4-152 所示，单击"编辑虚拟机设置"。

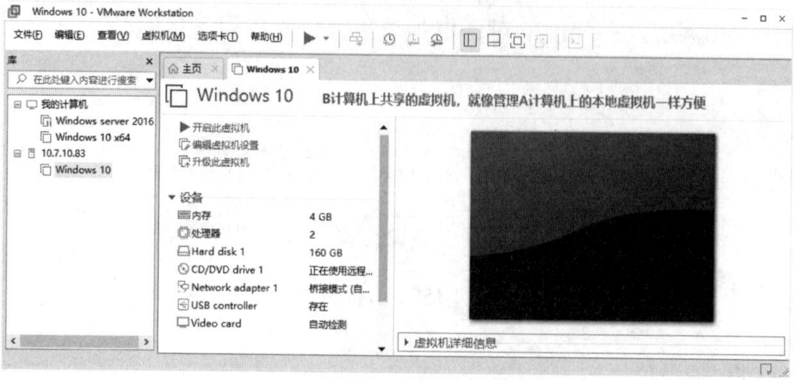

图 4-152　远程计算机上的虚拟机

Step 3　如图 4-153 所示，B 计算机共享的虚拟机出现在弹出的"虚拟机设置"对话框中，选中 CD/DVD drive1，在右侧的"位置"下拉列表框中选择"远程服务器"，单击"浏览"按钮，这个远程服务器就是 B 计算机。

图 4-153　浏览远程 ISO 文件

Step 4　如图 4-154 所示，浏览到存放虚拟机 Windows 10 的目录，可以把安装文件拷贝到和存放虚拟机 Windows 10 相同的目录进行安装，速度比较快。此处没有拷贝 ISO 文件到 Windows 10 虚拟机目录，而是直接单击"取消"按钮。

图 4-154　使用 B 计算机上的 ISO 文件进行安装

Step 5　如图 4-155 所示，在"位置"下拉列表框中选择"本地客户端"即 A 计算机，然后单击"浏览"按钮，可以使用 A 计算机上的 ISO 文件进行系统安装。如果 A 计算机到 B 计算机网速慢，安装过程耗时长，建议将安装 ISO 文件拷贝到和虚拟机同一个目录再安装操作系统。

图 4-155　使用本地 ISO 文件进行安装

Step 6 如图 4-156 所示，启动虚拟机，进入 Windows 10 系统安装，和安装本地虚拟机没什么差别，不再演示了。

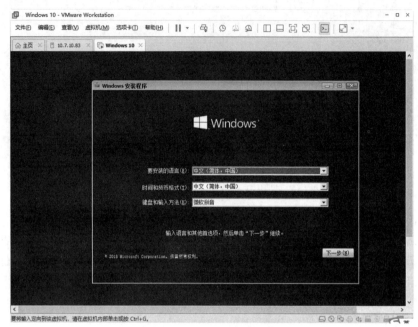

图 4-156　使用本地 ISO 安装远程虚拟机

4.7　验证 TCP 协议的通信机制

4.7.1　抓包分析网速对 TCP 协议确认频率的影响

TCP 协议建立连接后，双方可以使用建立的连接相互发送数据（为了讨论问题方便，仅考虑 A 计算机发送数据而 B 计算机接收数据并发送确认）。在计算机通信过程中，发送方 A 并不是发送完一个数据包后暂停发送，等到接收方 B 的确认后再发第二个数据包，这样效率比较低，而是连续发送多个数据包后暂停发送等待 B 的确认。B 确认后可以再连续发送多个数据包，暂停发送，等待确认。至于 A 可以发多少个数据包后 B 给一次确认，与网速有关。如果网速比较快，A 可以连续发送很多个数据包 B 给一次确认；如果网速比较慢，A 可能只发几个数据包后 B 就要给一次确认，确认次数会比较频繁。

我们可以利用 VMware Workstation 16 的网络适配器高级设置功能，通过设置带宽的大小来比较 A 发多少个数据包 B 给一次确认。

将虚拟机 Windows XP 和 Windows 2003 放在同一个虚拟网络 VMnet8 中，如图 4-157 所示，为 Windows XP 设置 IP 地址和子网掩码，分别为 192.168.80.100 和 255.255.255.0。默认网关和

DNS 服务器可以不用配置。如图 4-158 所示，为 Windows 2003 设置 IP 地址和子网掩码，分别为 192.168.80.200 和 255.255.255.0。保证 Windows XP 和 Windows 2003 可以 ping 通，如图 4-159 所示。

图 4-157   Windows XP 的 IP 地址、子网掩码

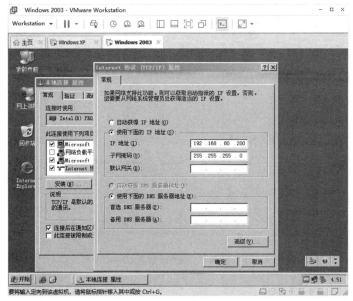

图 4-158   Windows 2003 的 IP 地址、子网掩码

图 4-159　Windows XP 可以 ping 通 Windows 2003

如图 4-160 所示，在 Windows 2003 的 C 盘新建文件夹 share，设置共享，并将一个较大的文件放入 share 文件夹中。

图 4-160　共享文件夹 share

在"虚拟机设置"对话框中，选择"网络适配器"→"高级"。如图 4-161 所示，在"网络适配器高级设置"对话框中，"传出传输"的"带宽"设置为"不受限"。

图 4-161　带宽不限速

　　在 Windows XP 中安装抓包工具 Wireshark，并运行 Wireshark。单击电脑桌面"开始"，选择"运行"，输入"\\192.168.80.200"。可以看到 Windows 2003 共享的文件夹 share。将里面的文件复制到电脑桌面，如图 4-162 所示。可以看到在不限速的情况下，文件传输速度很快。

图 4-162　复制文件

如图 4-163 所示，从顺序号（No.）166 开始传输数据到 No.199，Windows XP 给 Windows 2003 一次确认，中间大约发送了 26 个数据包（不同的环境下数据包个数会有所不同）。

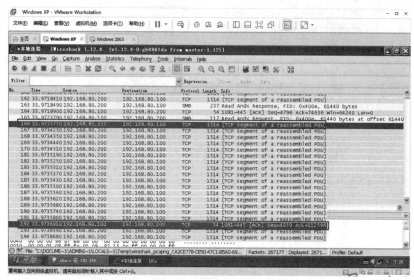

图 4-163　抓包查看

接下来，我们将"传出传输"的"带宽"设置为自定义，"Kbps"设置为 1024，如图 4-164 所示。

图 4-164　限制带宽

如图 4-165 所示，我们看到，传输的速度明显变慢了。如果复制时间较长，可以复制一段时间后选择"取消"。

图 4-165　传输速度比较慢

如图 4-166 所示，从 No.7164 传输数据到 No.7173，Windows XP 给 Windows 2003 一次确认，中间大约发送了 9 个数据包（不同的环境下数据包个数会有所不同）。从而验证了网速对确认频率的影响。网速较快时，确认次数会比较少；网速较慢时，确认次数会比较频繁。

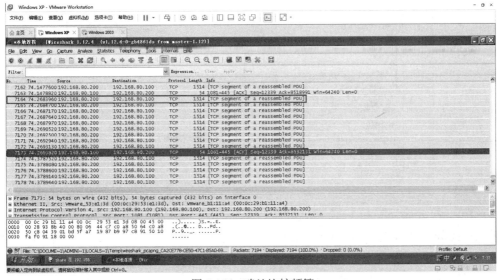

图 4-166　确认比较频繁

4.7.2　抓包查看 TCP 协议可靠传输的实现

A 计算机发送将要传输的数据以字节流形式写入发送缓存，假设按顺序连续发送第 1、2、3、4 个数据包给 B 计算机。如果中间有第 3 个数据包丢失，B 计算机就会给 A 计算机发送重复的确认，A 发送端收到后，立即发送丢失的数据包，而不用等到超时再发。并且现在的计算机通信都支持选择性确认，只发送第 3 个丢失的数据包，不再重复发送第 4 个数据包。

我们利用 VMware Workstation 16 的网络适配器高级设置功能，通过设置一定的数据包丢失率，来验证 B 给 A 发送的重复的确认以及 A 收到重复的确认就会把丢失的数据包立刻发送出去。

我们依然使用之前的网络环境。在 Windows 2003 的"虚拟机设置"对话框中，选择"网络适配器"→"高级"。在"网络适配器高级设置"对话框中，"传出传输"的"带宽"设置为自定义，1024Kbps。"数据包丢失（%）"设置为 5（表示丢包率为 5%），如图 4-167 所示。

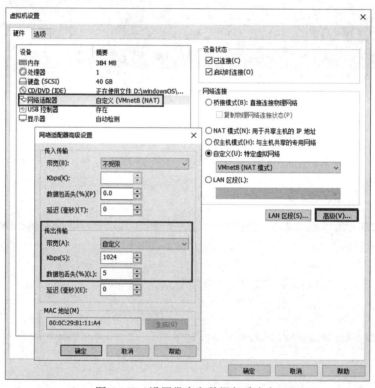

图 4-167　设置带宽和数据包丢失率

在 Windows XP 中运行 Wireshark。单击电脑桌面"开始"，选择"运行"，输入"\\192.168.80.200"。可以看到 Windows 2003 共享的文件夹 share。将里面的文件复制到电脑桌面，如图 4-168 所示。如果复制时间较长，可以复制一段时间后选择"取消"。

图 4-168　复制文件

如图 4-169 所示，顺序号（No.）4490、4492、4494、4496、4498 是 5 次重复的确认（TCP DUP ACK，重复确认的次数是不固定的，不同的环境下可能会有所不同）。ACK 都是 4264013 表明收到了 4264013 字节的数据，需要传 4264013 字节之后的数据。Windows 2003 看到重复的确认后，立即发送丢失的数据包（No.4499），而没有等到超时后再传。

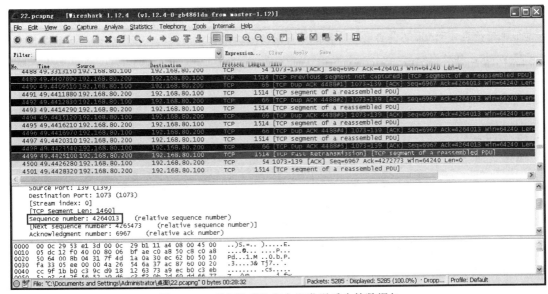

图 4-169　重复的确认和立即发送丢失的数据包

第5章
虚拟机磁盘

本章介绍虚拟机磁盘高级应用的技巧。很多单位不敢使用虚拟机作为生产环境中的服务器，总感觉存放在虚拟机中的数据一不小心就被删除了，比如还原到某个快照，当前数据就丢失了。本章将介绍如何给虚拟机添加永久磁盘，虚拟机不会给永久磁盘做快照，当然还原到快照也不会影响永久磁盘的数据。

众所周知很多学校机房中的计算机都有保护卡，只要计算机一重启计算机就自动还原到做保护时的状态，这样学校网管就再也不用担心计算机中病毒了。其实在虚拟机中可以轻易地实现这个功能，只需要将虚拟机的磁盘设置为非永久磁盘。

虚拟机除了能够使用 vmdk 磁盘文件，还可以直接将物理机的磁盘分区挂载到虚拟机中使用。

物理机想要读取虚拟机磁盘中的文件，也可以不打开虚拟机，直接使用物理机挂载 vmdk 磁盘。

向虚拟机拷贝文件，虚拟机磁盘文件 vmdk 的大小就会自动增加，但是当删除虚拟机中的文件后虚拟机磁盘文件 vmdk 不会自动缩小，依然占用物理机的磁盘空间，我们可以手动压缩虚拟机磁盘文件 vmdk，释放空间。

如果创建虚拟机或给虚拟机添加磁盘时指定了磁盘的大小，vmdk 文件增长到指定大小时就不能再向虚拟机存放更多的文件了，我们可以增加 vmdk 磁盘文件的大小。

主要内容

- 给虚拟机添加永久写入磁盘
- 给虚拟机的磁盘添加保护卡
- 配置虚拟机使用物理机的磁盘分区
- 将虚拟机的磁盘使用物理机直接打开
- 压缩虚拟机的磁盘文件 vmdk 释放空间
- 扩展磁盘 vmdk 的大小

5.1　创建永久写入磁盘

很多单位的网络管理员不敢把重要的服务器部署在虚拟机中,总觉得数据存储在虚拟机中有点不靠谱,比如做快照、还原快照,一不小心就有可能把数据还原到做快照时的状态,那可是欲哭无泪了。

其实可以有办法防止跳转快照将数据还原,即给虚拟机再添加一块磁盘,将该磁盘设置为永久写入磁盘,用来存放单位的数据,如数据库文件、单位图纸等,然后再给虚拟机做快照,这样就只会给安装了操作系统的磁盘做快照。以后此虚拟机中了病毒,可以还原到之前创建的快照,此时只是还原操作系统的磁盘,永久写入磁盘不受影响。

如图 5-1 所示,虚拟机有两块磁盘:一个磁盘安装了 Windows Server 和 SQL Server;数据库文件存放在另一个磁盘中,将该磁盘设置为永久磁盘。

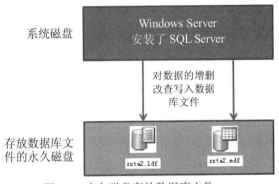

图 5-1　永久磁盘存放数据库文件

如图 5-2 所示,担心 Windows 系统出现问题,则可以给虚拟机做快照,给 Windows 系统的磁盘创建快照,但是不会给永久磁盘创建快照,做快照后对数据库的增删改查被记录在数据库文件中。当前系统出现问题,我们转到快照 ClearSystem,不会删除以前对数据库的更改。

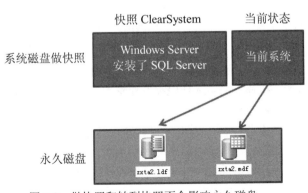

图 5-2　做快照和转到快照不会影响永久磁盘

5.1.1 创建永久磁盘

下面演示如何给虚拟机添加永久磁盘并验证永久磁盘不被快照还原。先删除虚拟机的快照，添加永久磁盘后再创建快照，这样还原到快照，永久磁盘就不用单独再添加了。

Step 1 如图 5-3 所示，单击"虚拟机"→"快照"→"快照管理器"命令，在弹出的对话框中删除全部快照。

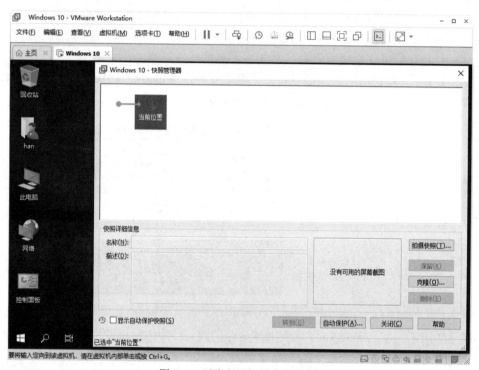

图 5-3　删除虚拟机的全部快照

Step 2 如图 5-4 所示，打开"虚拟机设置"对话框，单击"添加"按钮，在弹出的"添加硬件向导"对话框中选中"磁盘"，再单击"下一步"按钮。

Step 3 如图 5-5 所示，弹出"选择磁盘类型"对话框，选择"NVMe（推荐）"，然后单击"下一步"按钮。

Step 4 如图 5-6 所示，在弹出的"选择磁盘"对话框中选择"创建新虚拟磁盘"单选项，然后单击"下一步"按钮。

Step 5 如图 5-7 所示，在弹出的"指定磁盘容量"对话框中指定磁盘大小，然后单击"下一步"按钮。

Step 6 如图 5-8 所示，在弹出的"指定磁盘文件"对话框中输入磁盘文件名称，然后单击"完成"按钮。

图 5-4　添加磁盘

图 5-5　选择磁盘模式

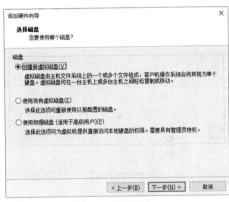

图 5-6　选择磁盘

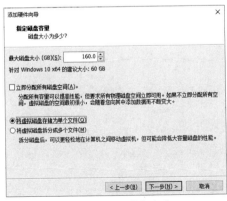

图 5-7　指定磁盘大小

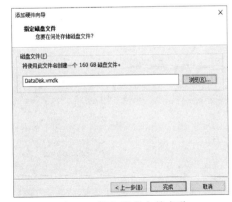

图 5-8　指定磁盘文件名称

Step 7 如图 5-9 所示，在"虚拟机设置"中，选中新添加的磁盘，然后单击"高级"按钮，再在弹出的"硬盘高级设置"对话框中选中"独立"和"永久"。

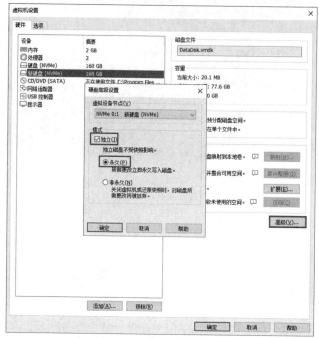

图 5-9　创建硬盘后设置成永久磁盘

Step 8 如图 5-10 所示，添加永久磁盘后创建快照，这个虚拟机快照就包含了永久磁盘。

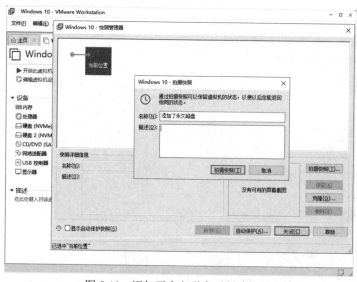

图 5-10　添加了永久磁盘后创建快照

5.1.2　给永久磁盘创建分区

下面演示如何给永久磁盘创建分区并格式化。永久磁盘不能有快照，若是有则必须先删除快照才能设置为永久磁盘。

Step 1　如图 5-11 所示，右键单击虚拟机中的"此电脑"图标并选择"管理"选项打开"计算机管理"窗口，单击"磁盘管理"，在弹出的"初始化磁盘"对话框中单击"确定"按钮。

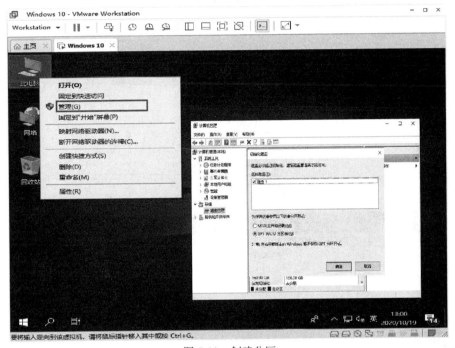

图 5-11　创建分区

　注释： 图 5-11 中弹出来的对话框是对磁盘 1 进行初始化的，如果没有出现该对话框或者在该对话框中没有单击"确定"按钮，则在"磁盘 1"处右键单击并选择"初始化磁盘"选项，因为磁盘只有在被初始化之后才能在其中创建分区。

Step 2　如图 5-12 所示，初始化之后右键单击磁盘 1 空白处并选择"新建简单卷"选项。

Step 3　如图 5-13 所示，在弹出的"欢迎使用新建简单卷向导"对话框中单击"下一步"按钮。

Step 4　如图 5-14 所示，在弹出的"指定卷大小"对话框中设置使用磁盘全部空间，然后单击"下一步"按钮。

Step 5　如图 5-15 所示，在弹出的"分配驱动器号和路径"对话框中选定盘符，然后单击"下一步"按钮。

图 5-12　新建简单卷

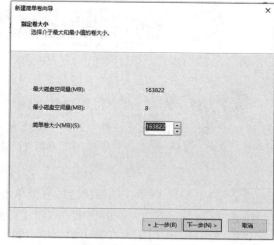

图 5-13　创建磁盘分区向导　　　　　　　图 5-14　分配驱动器号

Step 6　如图 5-16 所示，在弹出的"格式化分区"对话框中选择文件系统为 NTFS 并选中"执行快速格式化"复选项，然后单击"下一步"按钮。

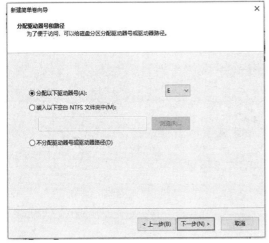

图 5-15　格式化分区

图 5-16　创建分区完成

Step 7　如图 5-17 所示，在弹出的"正在完成新建简单卷向导"对话框中单击"完成"按钮，完成创建分区和格式化。

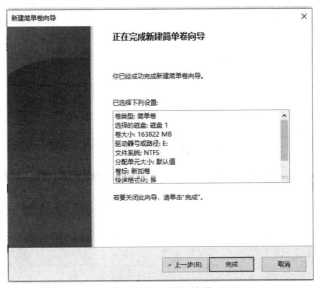

图 5-17　完成新建卷

5

Chapter

5.1.3　验证永久写入磁盘的特性

在用户桌面上创建一个文件 c.txt，用户桌面的文件存储在 C 分区，在 E 分区上创建一个文件 e.txt，然后还原到快照，会看到 C 分区中创建的 c.txt 丢失，而永久磁盘 E 分区上的 e.txt 依然存在。

Step 1 如图 5-18 所示，在 E 分区上创建一个文件 e.txt，准备测试。

图 5-18 在永久磁盘上创建一个文件

Step 2 如图 5-19 所示，在桌面上创建一个文件 c.txt，准备测试。

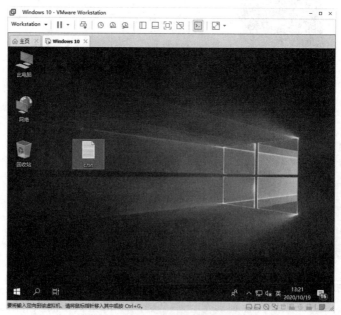

图 5-19 在 C 分区上创建一个文件

Step 3 如图 5-20 所示，将虚拟机关机后还原到"添加了永久磁盘"快照。

图 5-20 还原到快照

Step 4 如图 5-21 所示，启动还原后的虚拟机，登录后查看桌面，发现桌面上的文件 c.txt 已不存在，说明系统盘被还原；打开 E 分区，可以看到创建的文件还存在，说明该盘没有被还原。至此大家应知道永久磁盘为什么称为永久磁盘了。

图 5-21 转到"添加了永久磁盘"快照

5.2　给虚拟机的磁盘添加保护卡

现在来学习如何给虚拟机的磁盘添加保护卡。网吧或学校的机房管理员就怕机房中的计算机中病毒，于是给每台计算机装好系统并安装好所需软件后会给计算机安装保护卡，将计算机的全部分区或部分分区进行保护，这样计算机只要一重启，立即恢复到做保护时的状态。

安装了保护卡，学生对计算机做任何的修改，哪怕是中了病毒，只要计算机一重启就会恢复到之前保护卡保护时的状态，让计算机百毒不侵。但这种应用不适合企业中的计算机，单位的员工可不愿意一重启计算机自己辛苦编辑的文件就自动被删除了。

虚拟机的虚拟磁盘可以很容易实现保护卡的功能。

Step 1　如图 5-22 所示，关闭虚拟机，打开"虚拟机设置"对话框，选中"硬盘 2"，单击"高级"按钮，在弹出的"硬盘高级设置"对话框中选择"非永久"单选项。

图 5-22　设置成非永久磁盘

这样就将上一节的永久磁盘设置成了非永久磁盘，相当于给该磁盘加了保护卡，就这么简单。

Step 2　如图 5-23 所示，再次开启虚拟机，打开 E 分区，再创建一个文件 second.txt，单击"开始"→"关机"命令，不要单击"重新启动"，重新启动虚拟机不释放磁盘，非永久磁盘就不会删除创建的文件。

图 5-23   在非永久磁盘上创建文件

Step 3   如图 5-24 所示，先关闭 Windows 10 虚拟机，再运行，可以看到创建的文件自动被删除了。注意，若是选择重启计算机虚拟机没有释放磁盘文件，创建的文件不会丢失。

图 5-24   关机再开机后创建的文件被清除

Step 4 若想给虚拟机的系统盘添加保护卡，则需要先删除所有快照才能将磁盘设置为"非永久"，如图 5-25 所示。

图 5-25　有快照的磁盘模式不能更改为"独立"

Step 5 如图 5-26 所示，打开"Windows 10-快照管理器"对话框，删除虚拟机快照。

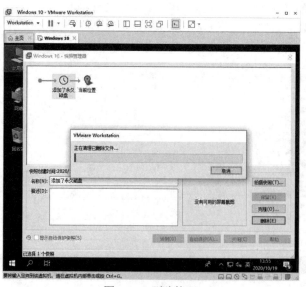

图 5-26　删除快照

Step 6 再次打开"虚拟机设置"对话框，选中第一块硬盘，单击"高级"按钮，在弹出的"硬盘高级设置"对话框中选中"独立"复选项，再选择"非永久"单选项，单击"确定"按钮，这样系统盘就变成非永久磁盘了，如图 5-27 所示。

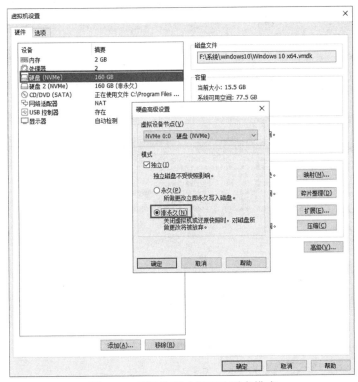

图 5-27　删除快照才能更改磁盘模式

5.3　虚拟机和物理机互访磁盘

可以在不运行虚拟机的情况下直接使用物理机打开虚拟机的磁盘文件，访问其中的文件；也可以让虚拟机直接加载物理机上的某个分区，让虚拟机直接使用该分区，不过你的物理机就不能同时访问该分区了。

5.3.1　虚拟机直接使用物理机的磁盘分区

可以更改虚拟机的设置，给虚拟机添加硬盘，添加硬盘时可以选择使用物理磁盘。这里大家要知道，虚拟机使用了物理磁盘的某个分区时物理机就不能再使用该分区了；同样如果你的物理机正在打开某分区的文件，或者正在运行某分区中的一个程序，或者你的计算机虚拟内存就放在某个物理分区，则虚拟机不能使用该物理分区。

下面就插入一个 U 盘来演示，也可以使用移动硬盘，插入后不要打开其中的文件或运行其中的程序。

> **注释：** 做这个实验最好用移动硬盘或 U 盘，这样才容易消除因为物理机对磁盘中文件的使用导致虚拟机不能使用该磁盘。

Step 1 将 U 盘插入物理机中，打开"计算机管理"窗口，选中"磁盘管理"，可以看到计算机中有几块磁盘，如图 5-28 所示。稍后给虚拟机添加磁盘时千万不要添加错。

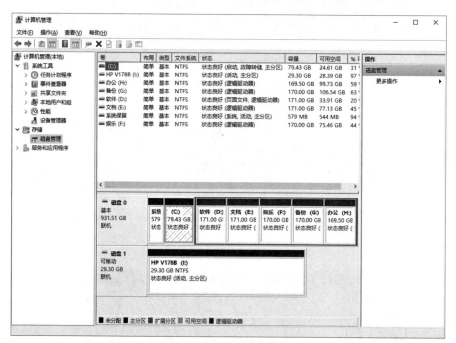

图 5-28　查看计算机磁盘

Step 2 如图 5-29 所示，打开"虚拟机设置"对话框，单击"添加"按钮，在弹出的"硬件类型"对话框中选中"硬盘"，然后单击"下一步"按钮。

Step 3 如图 5-30 所示，在弹出的"选择磁盘类型"对话框中选择 SCSI，然后单击"下一步"按钮。

Step 4 如图 5-31 所示，在弹出的"选择磁盘"对话框中选择"使用物理磁盘"，然后单击"下一步"按钮。

Step 5 如图 5-32 所示，在弹出的"选择物理磁盘"对话框中选择要使用的硬盘并选择"使用整个磁盘"单选项，然后单击"下一步"按钮。

Step 6 如图 5-33 所示，在弹出的"指定磁盘文件"对话框中输入磁盘文件名，这个磁盘文件就指向了物理磁盘，然后单击"完成"按钮。

图 5-29　给虚拟机添加磁盘

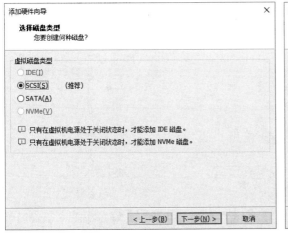

图 5-30　选择磁盘类型

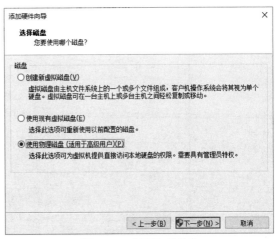

图 5-31　使用物理磁盘

Chapter 5

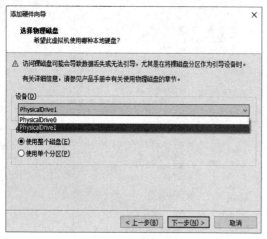

图 5-32　选择物理磁盘

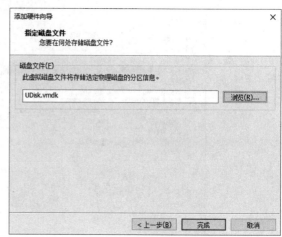

图 5-33　指定磁盘文件

Step 7　如图 5-34 所示，选中刚刚添加的硬盘查看磁盘信息，该磁盘指向了物理磁盘。

图 5-34　查看添加的磁盘

Step 8 如图 5-35 所示，打开虚拟机，可以看到物理磁盘的分区，可以直接在虚拟机中打开，存放数据。

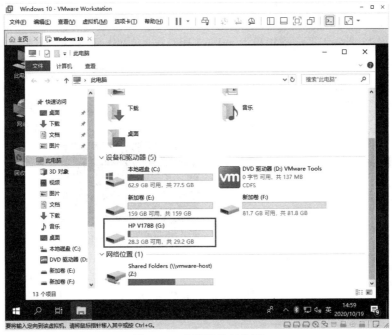

图 5-35　虚拟机物理分区

如图 5-36 所示，物理机不能再访问该 U 盘了。

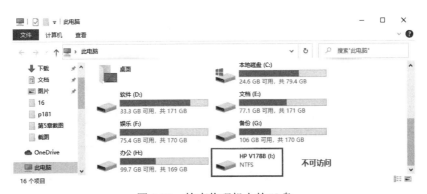

图 5-36　检查物理机上的 U 盘

注释：如果将该 U 盘从物理机中拔出，但是这块硬盘未从虚拟机中移除，那么该虚拟机是不能开机的，会提示系统找不到指定文件。因此，在 U 盘拔出之前需要将该磁盘从虚拟机中移除才能正常启动虚拟机。

5.3.2 物理机直接挂载虚拟机的磁盘

可以在不运行虚拟机的情况下直接将虚拟机的磁盘文件挂载到计算机上直接打开。下面演示如何挂载虚拟机磁盘。

Step 1 如图 5-37 所示，关闭虚拟机 Windows 10，在"文件"下选择"映射虚拟磁盘"选项。

图 5-37　映射虚拟磁盘

Step 2 如图 5-38 所示，该虚拟磁盘上有三个分区，选中第二个分区，再选择"以只读模式打开文件（推荐）"复选项，避免映射后不小心删除文件，造成虚拟机启动失败，给映射的分区选择一个盘符 Z:并选中"映射后在 Windows 资源管理器中打开驱动器"复选项，然后单击"确定"按钮。

图 5-38　选择该磁盘的第二个分区

Step 3 映射成功后可以看到计算机出现了新的分区 Z:，选中 Z:分区，右键单击左侧空白处，你看不到创建文件，因为映射时选择了"以只读模式打开文件"复选项，当然你也不能删除该分区中的文件。

图 5-39　映射的磁盘分区

Step 4 如图 5-40 所示，当不需要挂载虚拟机磁盘时则右键单击挂载的分区并选择"断开虚拟磁盘连接"选项。

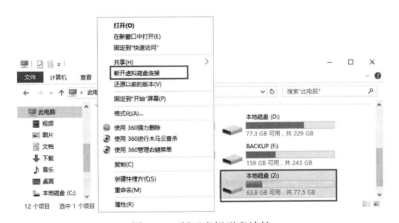

图 5-40　断开虚拟磁盘连接

Step 5 如图 5-41 所示，在弹出的"断开虚拟磁盘连接"警告对话框中单击"强制断开连接"按钮。

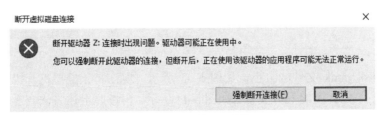

图 5-41　强制断开连接

5.4　压缩虚拟机的磁盘文件释放物理磁盘空间

　　当向虚拟机拷贝了一个 500MB 的电影时，虚拟机的磁盘文件 vmdk 会增加 500MB 继而占用物理机的磁盘空间。当从虚拟机删除这个 500MB 的电影后，虚拟机的磁盘文件 vmdk 不会自动缩小，依然占用物理机的磁盘空间。当虚拟机删除了大量文件，而你打算让 vmdk 释放占用的磁盘空间时，则可以手动收缩磁盘。

　　以前面虚拟机添加的第二块硬盘为例，更改虚拟机硬件配置，如图 5-42 所示，将该磁盘设置为"独立""永久"磁盘。

图 5-42　设置永久磁盘

　　查看 DataDisk.vmdk 文件的大小，如图 5-43 所示。现在将该虚拟机开机，在永久磁盘创建的分区拷贝一个 4GB 多的 ISO 文件，如图 5-44 所示。再按照上述方法查看该磁盘文件的大小是 4GB 多，如图 5-45 所示。

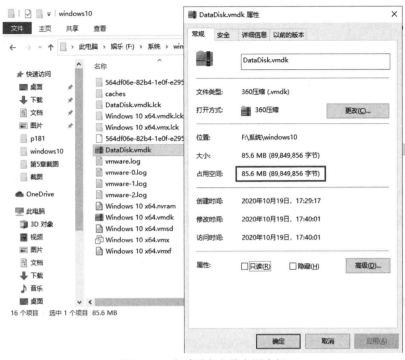

图 5-43 查看磁盘文件占用空间

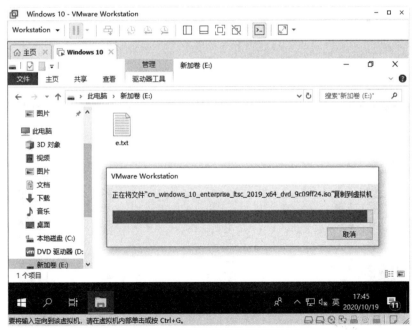

图 5-44 将安装文件拷贝到虚拟机中

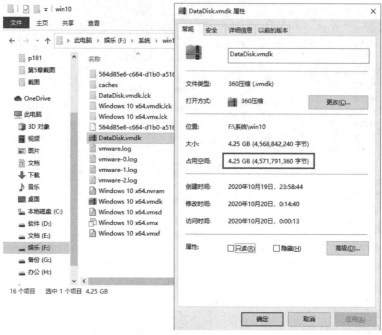

图 5-45　再次查看磁盘文件占用空间

　　然后将该 4GB 多的安装文件彻底删除（按 Shift+Delete 组合键彻底删除文件。如果是右键单击该文件并选择"删除"选项或者按 Ctrl+D 组合键删除，则还需要把回收站清空），如图 5-46 所示。

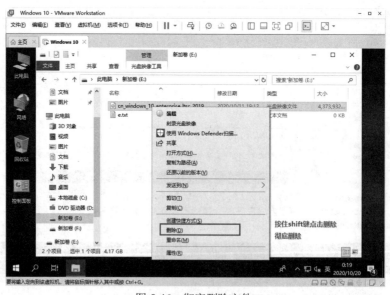

图 5-46　彻底删除文件

再查看上述永久磁盘的大小，会发现与图 5-45 所示的结果是一样的，这里就不再截图演示了，大家可以自己查看。现在将虚拟机关机，关机的原因是开机的时候磁盘是不能被压缩的，关机后压缩该盘，如图 5-47 所示。

图 5-47　压缩磁盘

　注释： 一定要彻底删除文件才能压缩成功，如果没有彻底删除文件就压缩磁盘，永久磁盘的大小不会有变化。即使重新开机将文件彻底删除再压缩，永久磁盘也不会变小。

　　压缩可能需要较长时间，待压缩完成后再查看 DataDisk.vmdk 文件，又变回 85.6MB 了。

5.5　扩展虚拟磁盘的大小

　　创建虚拟机时可以指定虚拟机磁盘大小，给虚拟机添加磁盘时也可以指定虚拟机磁盘大小。如果当时指定得小，现在感觉不够用了，则可以增加虚拟机磁盘的大小。扩展虚拟机磁盘大小，要求该磁盘文件没有快照。

　　如图 5-48 所示，在关机状态下打开虚拟机的"虚拟机设置"对话框，选中虚拟机磁盘，看到"扩展"按钮不可用，那是因为你的虚拟机有快照，此时需要删除全部快照，再扩展。

图 5-48　有快照则不可以扩展磁盘

　　删除虚拟机全部快照，关闭虚拟机，打开"虚拟机设置"对话框，选中要扩展的磁盘，如图 5-49 所示，单击"扩展"按钮，在弹出的"扩展磁盘容量"对话框中输入新的磁盘大小，然后单击"扩展"按钮，扩展需要几分钟时间。

　　扩展成功会出现如图 5-50 所示的对话框，提示需要开启虚拟机重新进行分区。

　　登录虚拟机，打开"计算机管理"窗口，选中"磁盘管理"，可以看到磁盘的大小已经为400GB，有了更多的未分配空间，使用未分配空间可以创建新的分区，如图 5-51 所示。

图 5-49　扩展虚拟机磁盘

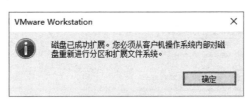

图 5-50　扩展成功

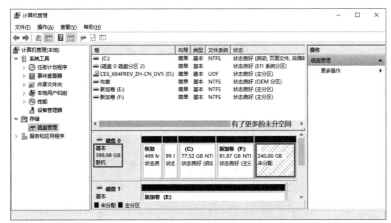

图 5-51　查看扩展的磁盘大小

5.6 使用安装好系统的 vmdk 文件创建新的虚拟机

已经安装好了一个虚拟机，现在需要两个这样的虚拟机，最省事的方法就是将存放虚拟机的文件夹直接复制一份。但是如果你的虚拟机做了多个快照，若全部复制就太大了，可以只复制第一个快照的磁盘文件即存放操作系统的磁盘及其他虚拟机运行所必需的文件。

还可以利用带有操作系统的磁盘文件创建新的虚拟机，新的虚拟机即可使用这个磁盘文件启动操作系统。

下面演示如何利用带有操作系统的磁盘文件创建一个新的虚拟机。

Step 1 如图 5-52 所示，在 win10 文件夹中，拷贝 Windows 10 x64.vmdk 到 H:\Windows10 目录下。

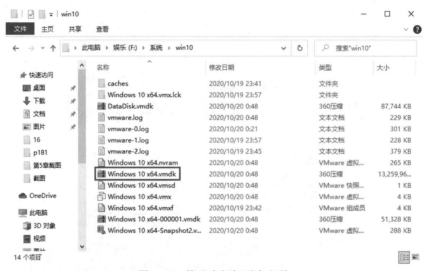

图 5-52　拷贝虚拟机磁盘文件

 注释： 不能使用 Windows 10 x64-000001.vmdk，这些由于快照产生的磁盘文件创建新的虚拟机，因为这些文件不能单独使用，依赖于 Windows 10 x64.vmdk。

Step 2 如图 5-53 所示，单击"创建新的虚拟机"，在弹出的"欢迎使用新建虚拟机向导"对话框中选中"自定义"单选项，然后单击"下一步"按钮。

Step 3 如图 5-54 所示，在弹出的"选择虚拟机硬件兼容性"对话框的"硬件兼容性"下拉列表框中选择 Workstation 16.x，然后单击"下一步"按钮。

Step 4 如图 5-55 所示，在弹出的"安装客户机操作系统"对话框中选择"稍后安装操作系统"单选项，然后单击"下一步"按钮。

图 5-53　创建新的虚拟机

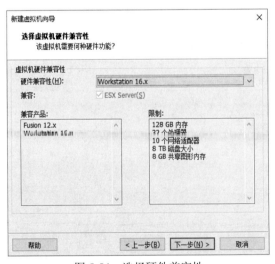

图 5-54　选择硬件兼容性

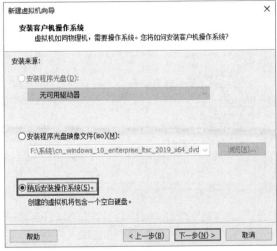

图 5-55　稍后安装系统

Step **5**　如图 5-56 所示，在弹出的"选择客户机操作系统"对话框的"版本"下拉列表框中选择 Windows 10 x64，然后单击"下一步"按钮。

Step **6**　如图 5-57 所示，在弹出的"命名虚拟机"对话框中浏览到存放虚拟机磁盘的目录，单击"下一步"按钮，弹出提示对话框提示该目录包含虚拟机，单击"继续"按钮。

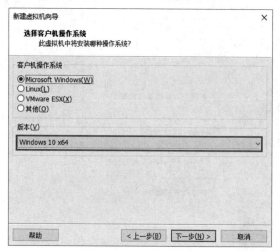

图 5-56　选择操作系统

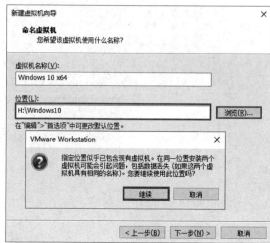

图 5-57　选择虚拟机操作系统

Step 7　如图 5-58 所示，在弹出的"选择磁盘"对话框中选择"使用现有虚拟磁盘"单选项，然后单击"下一步"按钮。

Step 8　如图 5-59 所示，在弹出的"选择现有磁盘"对话框中浏览到存放虚拟机磁盘的位置，然后单击"下一步"按钮完成虚拟机的创建，就可以运行新建的虚拟机了。

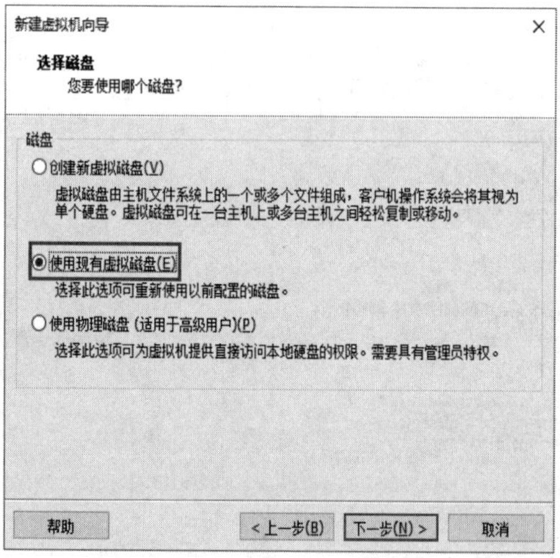

图 5-58　选择现有磁盘

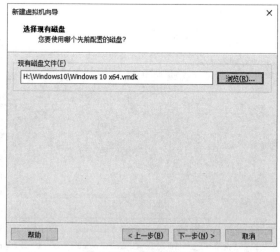

图 5-59　指定磁盘位置

5.7　虚拟机的配置文件

我们更改虚拟机的硬件设置其实都记录在虚拟机配置文件中，打开存放虚拟机的文件夹可以看到扩展名为.vmx 的文件，右键单击扩展名为.vmx 的文件并选择"打开方式"→"记事本"

选项，如果没有记事本，则可以选择"选择默认程序"选项，找到记事本程序，如图 5-60 所示。

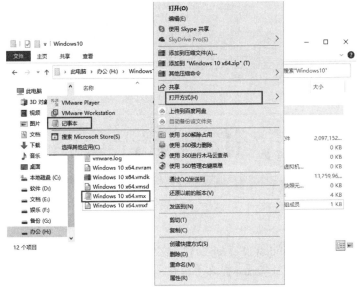

图 5-60　使用记事本打开配置文件

如图 5-61 所示，虚拟机的硬件设置在这里都能找到，也可以直接使用记事本编辑配置文件的方式修改虚拟机的配置。可以看到虚拟机内存、虚拟机使用的磁盘文件、网卡 MAC 地址等设置，如果想修改网卡 MAC 地址则可以在这里直接修改。

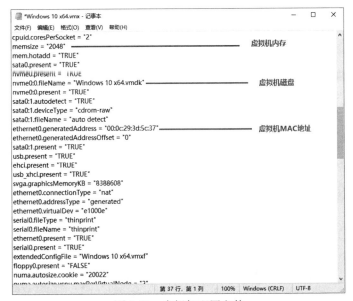

图 5-61　虚拟机配置文件

第**6**章

Windows 使用技巧

本章介绍 Windows 10、Windows Server 2012 R2/2016 R2 的使用技巧，这些技巧虽然不是专业的 IT 技术，但是直接影响着对计算机和服务器操作的方便性。有了本章的基础，以后课程的学习中对这些常规的应用技巧就不再过多讲解了。

> **主要内容**
> - 定义"开始"菜单和用户桌面
> - 文件夹选项的使用
> - 用户账户控制
> - 用户配置文件
> - 输入法设置
> - 网络排错命令
> - 自动批处理

6.1 定义用户工作环境

下面介绍如何定义自己的工作环境，如定义"开始"菜单、桌面、输入法和 IE 安全选项，讲解将在 Windows 10、Windows Server 2012 R2/2016 R2 分别展示。

6.1.1 定义"开始"菜单和桌面

Windows 10 刚刚安装完成，登录后，桌面上没有计算机、控制面板和网络等图标，操作很不方便，我们可以通过个性化桌面将图标添加到桌面，以方便操作。

Step 1 如图 6-1 所示，右键单击桌面空白处并选择"个性化"选项。

图 6-1　定义个性化桌面

Step 2 如图 6-2 所示，在出现的"个性化"窗口中单击"主题"，在右侧的"相关的设置"中单击"桌面图标设置"，在弹出的"桌面图标设置"对话框中选中"计算机""回收站""用户的文件""控制面板"和"网络"5 个复选项，然后单击"确定"按钮。

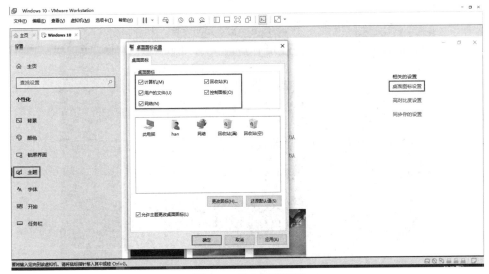

图 6-2　更改桌面图标

添加完后即可看到桌面上新增加的图标，如图 6-3 所示。

图 6-3　新增图标

相比于 Windows 7，右键单击 Windows 10 的"开始"菜单，多了很多的设置，如图 6-4 所示。对于 IT 技术人员来说，可以比较方便地管理计算机。

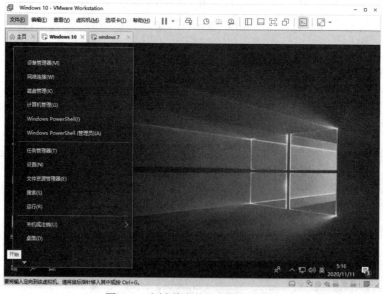

图 6-4　右键单击的"开始"菜单

Step 1　如图 6-5 所示，单击电脑桌面左下角的搜索框。

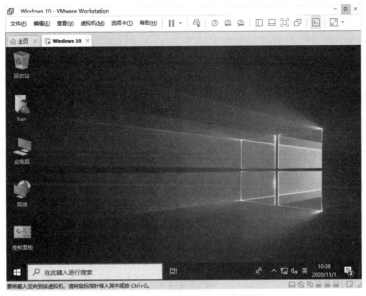

图 6-5　打开"开始"菜单属性

Step 2　如图 6-6 所示，单击后，在搜索框内输入"运行"，界面会弹出搜索结果，在搜索结果界面单击"运行"，在电脑桌面就会打开"运行"程序了。当然也可以使用 Win 键+R 打开"运行"程序。

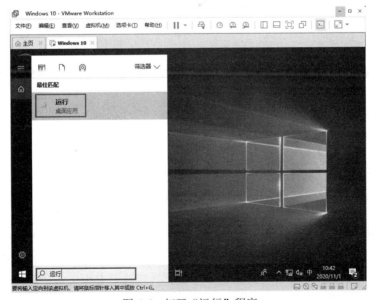

图 6-6　打开"运行"程序

Step **3**　如图 6-7 所示，使用相同的方法在搜索框中输入"管理工具"，打开"管理工具"程序。

图 6-7　打开"管理工具"程序

6.1.2　隐藏或显示文件扩展名

　　Windows 有文件夹选项，可以隐藏文件的扩展名和不显示隐藏的文件以及系统文件夹。

　　在 Windows 中是通过文件的扩展名来关联打开该文件使用的程序的，随意更改文件的扩展名有可能造成文件使用不正确的程序打开从而打开失败，比如将.jpg 图片的扩展名更改为.txt，双击默认就使用记事本打开，则看到的是乱码而不是图片。为了防止用户随意更改文件扩展名，可以将文件扩展名隐藏。

　　后面的学习我们可能使用记事本编辑 VBS 脚本，编辑完成后将文件保存，需要将扩展名由.txt 更改为.vbs，双击该文件，计算机就把该文件当作脚本执行而不是使用记事本打开。这种情况下必须将隐藏的文件扩展名显示出来才能够更改。

　　如何设置文件扩展名是隐藏还是显示呢？大家看我的计算机中的文件都显示扩展名，并且有相应的图标对应，如图 6-8 所示。下面就配置文件夹选项来隐藏文件扩展名。

Step **1**　双击桌面上的"此电脑"图标，单击"查看"→"选项"命令，如图 6-9 所示。

Step **2**　在弹出的"文件夹选项"对话框中的"查看"选项卡中选中"隐藏已知文件类型的扩展名"复选框，然后单击"确定"按钮。

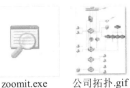

bs for isa.rar　　　MCSE.txt　　　zoomit.exe　　　公司拓扑.gif　　　考试答案.txt　　　琵琶语 古筝.mp3

图 6-8　文件扩展名

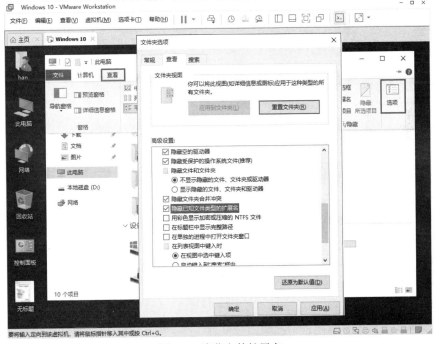

图 6-9　隐藏文件扩展名

Step 3　再次打开这些文件，如图 6-10 所示，可以看到常见（已知）文件的扩展名已经隐藏。

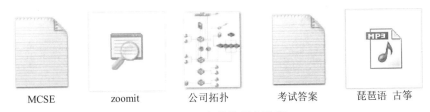

MCSE　　　zoomit　　　公司拓扑　　　考试答案　　　琵琶语 古筝

图 6-10　文件扩展名隐藏

6.1.3　隐藏或显示文件夹

如果计算机有多人使用，而你想要创建一个文件存放自己的数据，不打算让其他人看到，则可以将该文件夹设置为隐藏，然后在"文件夹选项"对话框中设置"不显示隐藏的文件、文件夹和驱动器"，该文件夹就不再显示，只能通过输入目录的方式访问。

Step 1 如图 6-11 所示，右键单击想隐藏的文件夹并选择"属性"选项，弹出文件夹属性对话框，在"常规"选项卡中选中"隐藏"复选项，然后单击"确定"按钮。

图 6-11　设置隐藏文件夹

Step 2 如图 6-12 所示，现在看不到隐藏的文件夹了，要想访问隐藏的文件夹需要输入目录，如图 6-13 所示。

图 6-12　看不到隐藏的文件夹

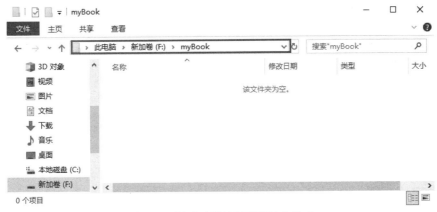

图 6-13　通过目录访问隐藏的文件夹

如果计算机的某个分区空间快占满了，但你看到的文件夹并没有多少，现在想知道是否有隐藏的文件夹占用了磁盘空间，则可以设置文件夹选项来将隐藏的文件夹显示出来。如图 6-14所示，单击"查看"→"选项"，弹出"文件夹选项"对话框，在"查看"选项卡中选中"显示隐藏的文件、文件夹和驱动器"单选项，然后单击"确定"按钮。

图 6-14　设置显示隐藏的文件夹

如图 6-15 所示，可以看到隐藏的文件夹了。

图 6-15　显示隐藏的文件夹

6.1.4　输入法设置

现在使用较多的汉字输入法可以说是搜狗输入法，我以前一直羡慕会五笔打字的人，自从有了搜狗输入法我就放弃学习五笔打字了，其善解人意和超强的纠错功能让我们输入汉字几乎不用选字。下面就来演示如何设置 Windows 使用搜狗输入法。

Step 1　从 https://pinyin.sogou.com/处下载搜狗拼音输入法。打开"Windows 设置"窗口，选择"时间和语言"，如图 6-16 所示。

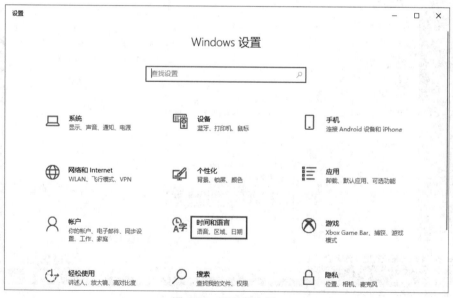

图 6-16　更改输入法

Step 2 如图 6-17 所示，在左侧选择栏中找到并单击"语言"选项，在"首选语言"中，单击"中文（简体，中国）"，然后单击"选项"按钮。

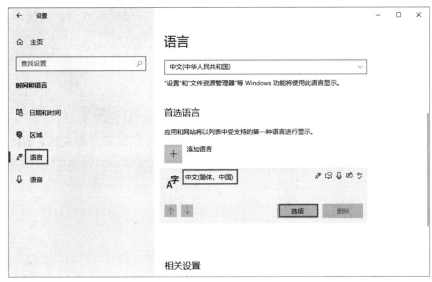

图 6-17　首选语言

Step 3 在"语言选项:中文(简体，中国)中找到"键盘"选项，这里有你当前系统中的输入法。若没有你想要的输入法，可自行下载安装，安装后在这里添加。如果想删除输入法，选择已添加的键盘，单击"删除"按钮，如图 6-18 所示。

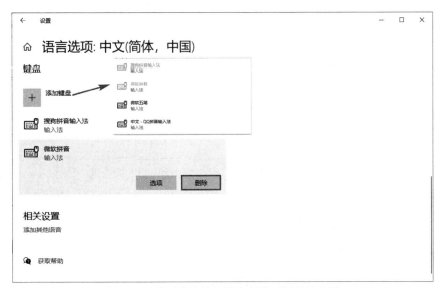

图 6-18　设置默认输入法和删除不用的输入法

6.2　快捷键的使用

Windows 有很多快捷键，使用键盘操作时直接按快捷键能够实现需要的操作，作为资深 IT 人士掌握快捷键的使用是必不可少的技能，下面对快捷键进行分类讲解。

有些快捷键是组合键，比如按下 Alt 键再按下 F4 键，会写成 Alt+F4；需要同时按下 Ctrl、Alt 和 Delete 三个键，会写成 Ctrl+Alt+Delete。

6.2.1　F 键

键盘的最上端是 F1～F12 键，统称为 F 键，下面就介绍用得最多的 F 键，如图 6-19 所示。

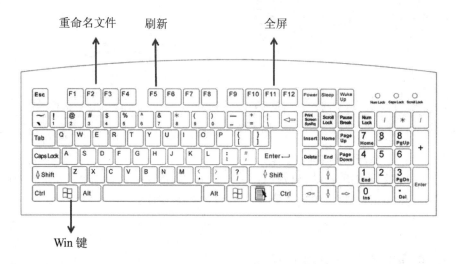

图 6-19　F 键和 Win 键

F2 键是文件或文件夹重命名快捷键，当选中文件或文件夹后按下 F2 键就可以重命名。

Alt+F4 组合键用来关闭当前窗口。

F5 键是刷新快捷键，当打开网页后按 F5 键可以刷新网页。在很多软件中 F5 键通常用作更改后的刷新。

F11 键是窗口最大化快捷键，再按该键可以还原窗口。你可以打开浏览器访问www.91xueit.com，按 F11 键看看效果。如图 6-20 所示，打开"计算机"窗口，按 F11 键，再按 F11 键，看看是否能够全屏和恢复窗口（笔记本电脑可能需要同时按下 Fn+F11）。

6.2.2　文件和文件夹快捷键

对文件进行拷贝、粘贴、删除和重命名等操作都需要先选中要操作的文件，下面就来演示如何选中文件。

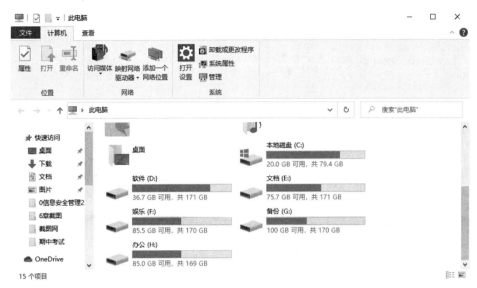

图 6-20　测试窗口全屏

如果想要选择不连续的文件，则按住 Ctrl 键，然后单击想要选择的文件，如果已经选中了的文件想要取消，则按住 Ctrl 键再次单击该文件，如图 6-21 所示。

图 6-21　选择不连续的文件

如果想要选择连续的文件，则选中第一个文件 "03 因特网的组成 v2"，按住 Shift 键，再选中 "12 时延和往返时间 OK"，中间的文件也同时被选中，如图 6-22 所示。

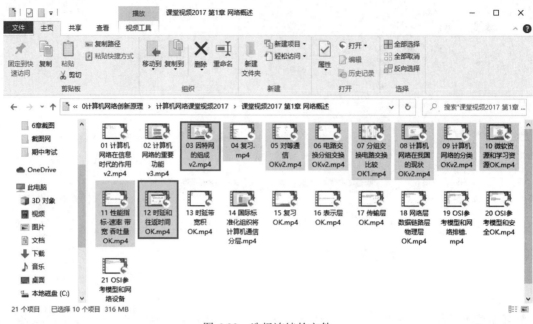

图 6-22　选择连续的文件

如图 6-23 所示，如果打算全选，则按下 Ctrl 键，再按 A 键，这种组合键以后就写成 Ctrl+A。全选之后如果想排除某几个文件，则可以按下 Ctrl 键，再单击排除的文件。

图 6-23　全选文件

下面介绍如何对选中的文件进行复制、粘贴、删除、查看属性、重命名等操作。

复制文件：选中文件后按 Ctrl+C，浏览到新目录后按 Ctrl+V。

移动文件：选中文件后按 Ctrl+X，浏览到新目录后按 Ctrl+V。

删除文件：选中文件后按 Ctrl+D 或直接按 Delete 键，将文件放入回收站，如图 6-24 所示。

图 6-24　删除的文件暂时放在回收站

注释： 打开回收站还可以再恢复删除的文件，如图 6-25 所示，因为删除后的文件依然在磁盘中，占用磁盘空间。

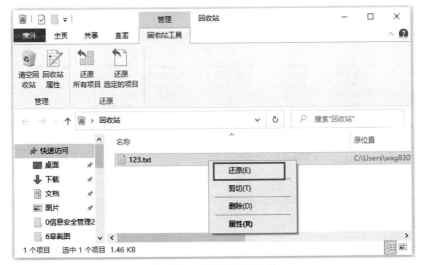

图 6-25　恢复删除的文件

彻底删除：选中文件后按 Shift+Delete 键，出现删除提示，如图 6-26 所示，单击"是"按钮彻底删除。不能通过回收站恢复。

图 6-26　删除确认

如图 6-27 所示，查看选中文件的属性，选中多个视频文件，可以在状态栏中看到统计信息：选中的文件数量和总的大小。如果选中的都是记事本文件，则状态栏中显示总的字节。

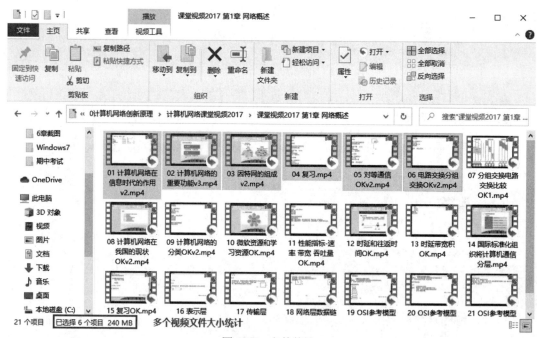

图 6-27　文件统计

要想设置多个文件的属性，则右键单击选中的多个文件并选择"属性"选项，如图 6-28 所示。

在弹出的"属性"对话框中，可以设置只读或隐藏属性，可以看到总大小和占用空间，如图 6-29 所示。

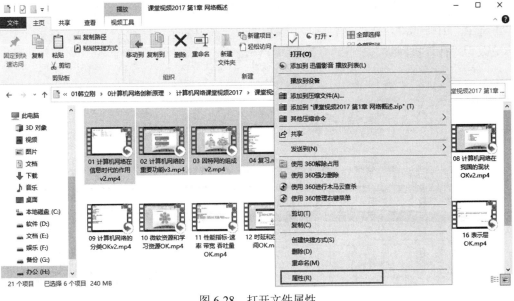

图 6-28　打开文件属性

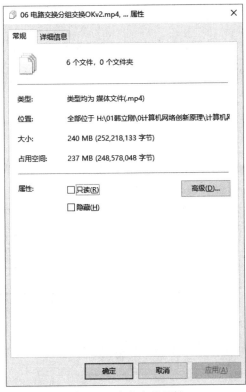

图 6-29　多个文件属性

可以一次重命名多个选中的文件，如图 6-30 所示，选中"05 对等通信 OKv2"，按下 Shift 键，再选中"01 计算机网络在信息时代的作用 v2"选中多个文件，按 F2 键，将第一个文件名称更改为"计算机网络"。

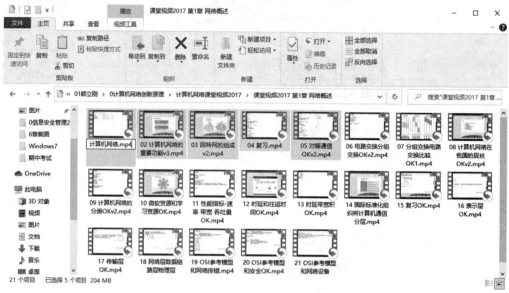

图 6-30　重命名多个文件（1）

如图 6-31 所示，一次性给多个文件重命名后，系统会自动给文件编号。

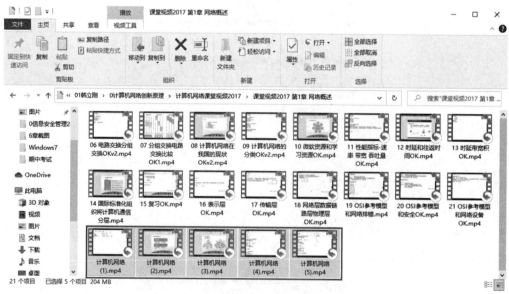

图 6-31　重命名多个文件（2）

　　Ctrl+Z 组合键在很多软件中是用于撤消当前操作的快捷键。在 Windows 系统中也可以取消刚才的操作，比如上面的重命名文件的操作，按 Ctrl+Z 组合键就取消重命名，文件名称恢复到原来的名称。

　　Ctrl+Y 组合键在很多软件中是重新执行上次按 Ctrl+Z 撤消的操作，按 Ctrl+Y，再看看那些重命名的文件，又回到了重命名状态。

　　移动了一个文件，删除了一个文件（放到回收站），都可以使用 Ctrl+Z 将文件恢复到原位置，将删除的文件还原到原位置。

　　以上 Ctrl 组合的快捷键不仅能在文件和文件夹中使用，还能在办公软件中使用。再补充两个常用的 Ctrl 快捷键：Ctrl+Shift+Esc 为打开任务管理器；Ctrl+鼠标滚轮为更改桌面图标大小。

6.2.3　有关 Alt 的快捷键

　　Alt+Tab 组合键是切换应用程序。例如桌面上打开有暴风影音、谷歌浏览器、Word 文档等应用程序，当不想用鼠标选择打开的应用程序时则可以按下 Alt 键再多次按 Tab 键来选择要打开的应用程序，如图 6-32 所示。

图 6-32　切换应用程序

　　Alt+F4 键是关闭活动的项目或者退出活动的程序。例如打开了一个应用软件，想要关闭又不想用鼠标单击红叉，则可以在该界面中按下 Alt+F4 键来关闭。

　　Alt+Enter 键是显示所选项目的属性。这与鼠标右键单击该文件或文件夹并选择"属性"选项所达到的效果是一样的，就不再多讲了。

　　Alt+P 键是显示预览窗格，单击一个视频文件，按下 Alt+P 组合键，如图 6-33 所示，在预览窗格中就会展示出视频，可以播放，不用我们打开播放器播放，方便快捷。

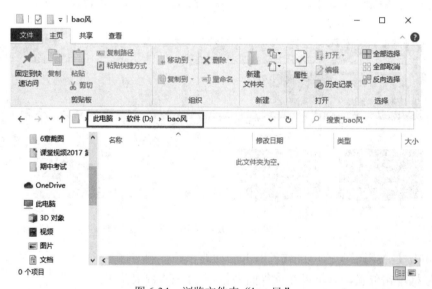

图 6-33　显示预览窗格

Alt+↑、Alt+←、Alt+→这三个快捷键是用于切换目录的，举个例子大家就会明白这三个快捷键的功能。如图 6-34 所示，正在浏览"bao 风"这个文件夹。

图 6-34　浏览文件夹"bao 风"

按 Alt+←快捷键能回到 D 盘，也就是说这个快捷键能切换到上一次打开的文件夹，而 Alt+→这个快捷键与 Alt+←实现的功能正好相反。Alt+↑打开上层文件夹，与 Alt+←实现的功能相似。灵活运用这三个快捷键可以节省时间。

　　Alt 相关的常用快捷键暂时就列出上述几个。再增加一个快捷键 Shift+F10，该快捷键与右键单击文件或文件夹是一样的，都弹出菜单栏。

6.2.4　与 Win 键相关的快捷键

　　Win 键用来显示和关闭"开始"菜单，按第一次是打开"开始"菜单，按第二次就是"关闭"菜单了，如图 6-35 所示。

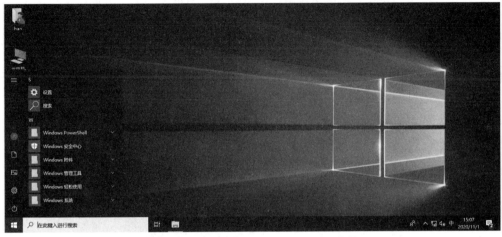

图 6-35　Win 键显示或关闭"开始"菜单

　　Win+Pause 组合键打开"系统属性"窗口，也可以选中"此电脑"图标并按 Alt+Enter 组合键来打开"系统属性"窗口，如图 6-36 所示。

图 6-36　Win+Pause 组合键打开"系统属性"窗口

Win+D 组合键是显示桌面快捷键。当桌面上打开很多应用程序时想要显示桌面就变得麻烦，按 Win+D 键是立即就能显示桌面，如果想要恢复之前的状态，则再按 Win+D 键。

Win+E 组合键是打开"此电脑"（资源管理器）窗口，这与双击"此电脑"图标达到的效果是一样的。

Win+F 组合键是在整块盘中搜索文件或文件夹。也可以按 Win+E 键打开资源管理器再按 F3 键在全盘搜索文件或文件夹。

Win+L 组合键是锁定计算机或切换用户。也可以按 Win 键打开"开始"菜单，单击"锁定"来达到相同的效果。

Win+R 组合键是打开"运行"对话框，也可以右键单击"开始"菜单找到"运行"对话框，不过这样比较麻烦，如图 6-37 所示。

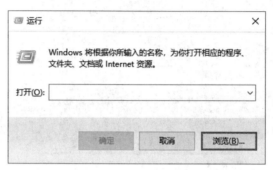

图 6-37　Win+R 键打开"运行"对话框

Win+↑组合键是最大化窗口，Win+↓组合键是最小化窗口，Win+←组合键是将所选窗口最大化到屏幕左边，Win+→将所选窗口最大化到屏幕右边。Win+←和 Win+→这两组快捷键可以视情况而使用，因为有时候可以按下 Win 键然后只按"←"或只按"→"将窗口在最左、最右、最小化三种状态间切换。

 注释： 这里的最小化并不是指窗口最小化，而是指在桌面上还是存在该窗口的才能实现在三种状态间切换。上述快捷键对有些应用可能无效。

Win+Home 组合键是除了当前窗口其他都最小化。比如，在桌面上打开了浏览器、资源管理器、暴风影音等窗口，我想只留下资源管理器这个窗口，则选中该窗口并按 Win+Home 快捷键。

6.2.5　Windows 窗口上的快捷键

Ctrl+Shift+Tab 快捷键是在选项卡上前后移动，如图 6-38 所示。Tab 键会依次让这些选项卡变为选择状态，如图 6-39 所示，Tab 键是在选项中向后依次选择，Shift+Tab 快捷键与 Tab 键相对应，它是在选项中向前选择。

图 6-38　快捷键 Ctrl+Shift+Tab 的功能

图 6-39　Tab 键的功能

如图 6-40 所示，在并列的选项卡上按上下键可以进行选择；如图 6-41 所示，按空格键可以清除选择。

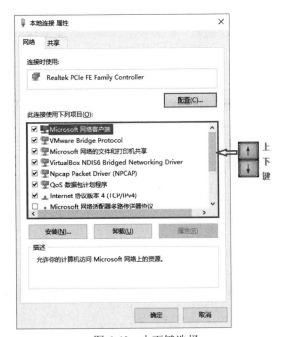

图 6-40　上下键选择

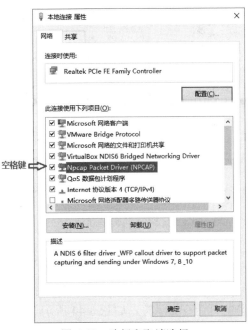

图 6-41　选择和取消选择

6.3 文件路径

我们经常访问计算机的本地文件和网络中共享的文件，有必要弄清楚什么是本地路径和 UNC 路径（网络路径），在 Windows 操作系统命令提示符下使用的命令到底在 Windows 的什么地方？下面就进行讲解。

6.3.1 访问本机资源使用本地路径

计算机使用本地路径定位本地磁盘上的文件。

要想访问 Windows 操作系统中的文件，必须浏览到该文件所在的盘符和文件夹，如图 6-42 所示，在资源管理器中可以看到文件所在目录也就是访问这些文件的路径。比如"E:\51cto 格式转化后\IT 技术之雕虫小技"，该路径为本地路径，用于本地计算机访问本地资源。

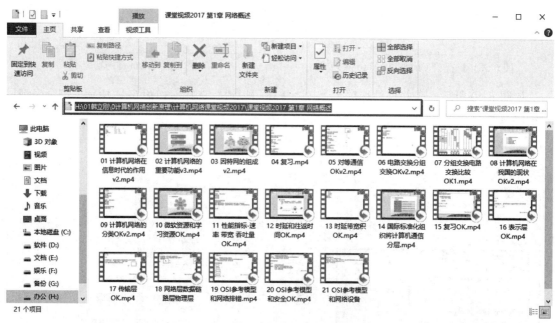

图 6-42 本地路径

也可以打开"运行"对话框，输入上面的路径，单击"确定"按钮，就可以打开文件夹。也可以直接输入一个文件名，如图 6-43 所示，可以直接打开文件，如果是视频就直接使用视频播放软件播放。

在 Windows 中有命令提示符，打开"运行"对话框，输入 cmd，单击"确定"按钮，就能打开命令提示符，如图 6-44 所示。

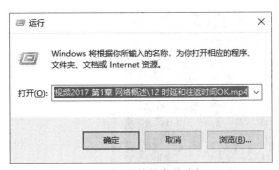 

图 6-43　文件的完整路径　　　　　　　图 6-44　打开命令提示符

在命令提示符下也能够实现对文件的操作，如删除、重命名、拷贝、移动等，或打开文件执行命令。

如图 6-45 所示演示了在命令提示符下切换盘符，dir 命令列出目录文件，命令提示符支持通配符"*"（代表任意多个字符）和"?"（代表任意一个字符），"cd 切换目录"（路径），如果文件和文件夹名称中间有空格必须使用引号，在当前目录下输入文件名就能打开文件，如果输入的是可执行文件，此时就能运行命令。

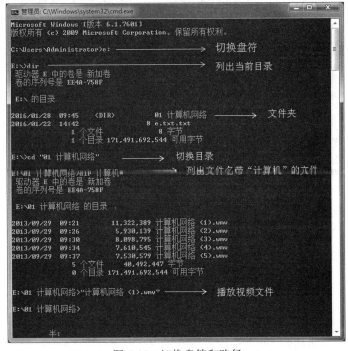

图 6-45　切换盘符和路径

如图 6-46 所示，在命令提示符下也可以重命名、复制、删除文件，分别使用 rename、copy、del 命令，这些命令都支持通配符*和?。

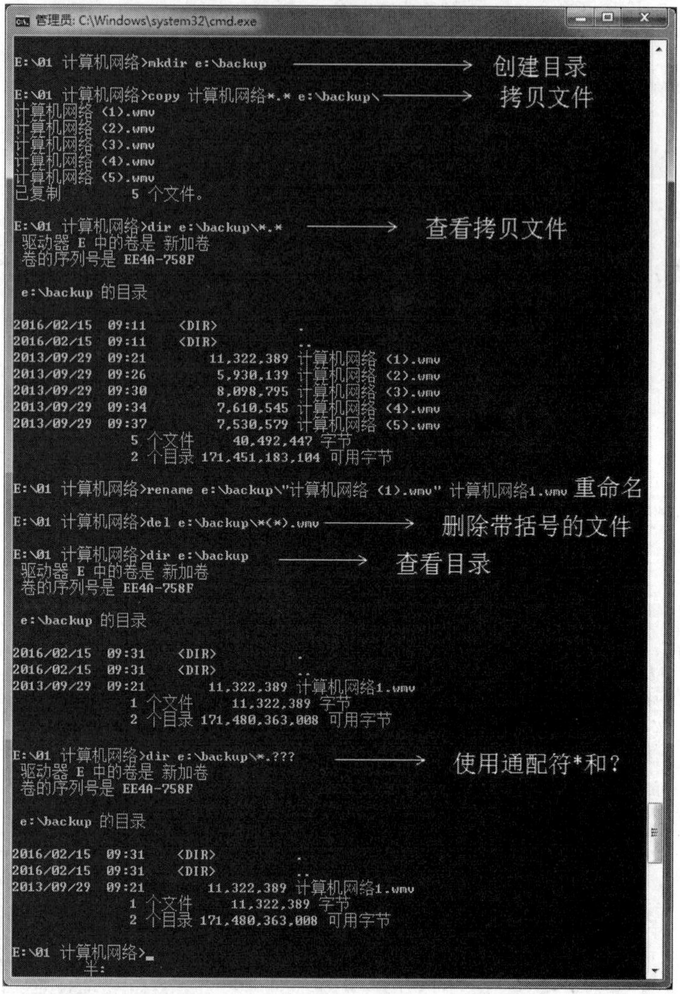

图 6-46　重命名、复制、删除文件

有的人可能会有疑问，使用图形界面能够完成对文件的重命名、复制和删除，为什么还需要学习使用命令对文件进行操作呢？后面会演示将这些命令放到 BAT 文件中，双击 BAT 文件即会自动执行该文件中的命令，可以实现对文件操作的快速处理。

6.3.2　访问网络资源使用 UNC 路径

如果在 A 计算机上通过网络访问 B 计算机上的共享资源，则需要使用 UNC 路径访问。UNC（Universal Naming Convention）即通用命名规则，也叫通用命名规范、通用命名约定。

下面使用两个虚拟机 Windows 10A 和 Windows 10B 演示如何使用 UNC 路径访问网络资源。在 Windows 10B 上创建一个共享文件夹，在 Windows 10A 上访问此文件夹就必须使用 UNC 路径。

要确保两个虚拟机网络畅通，Windows 10B 防火墙关闭。在 Windows 10B 上创建共享文件夹的步骤如下。

Step 1　如图 6-47 所示，右键单击要共享的文件夹并选择"属性"命令，在文件夹属性中选择"共享"→"共享"选项。

图 6-47　共享文件夹

Step 2　如图 6-48 所示，在出现的"网络访问"界面中添加能够访问共享的用户和该用户的权限，然后单击"共享"按钮。

Step 3　如图 6-49 所示，在"文件夹已共享"界面中可以看到访问该共享的 UNC 路径：\\HAN-PC\share，单击"完成"按钮，其中 HAN-PC 是计算机名称，也可以使用该计算机的 IP 地址替代，跨网段访问最好（有时必须）使用 IP 地址访问共享资源即 \\192.168.80.20\share，就不存在计算机名称解析问题。

在 Windows 10A 上访问 Windows 10B 的共享文件夹。如图 6-50 所示，打开"运行"对话框，输入 Windows 10B 的计算机名称\\han-pc 或"IP 地址\\192.168.80.20"，输入账户和密码，单击"确定"按钮。

可以看到共享的文件夹，双击共享的文件夹 share 可以看到文件夹内的文件，\\han-pc\share 就是 UNC 路径，如图 6-51 所示。注意，访问网络中的计算机不需要指定共享文件夹所在的盘符，只需要指定共享文件夹名称。

图 6-48 设置共享权限

图 6-49 UNC 路径

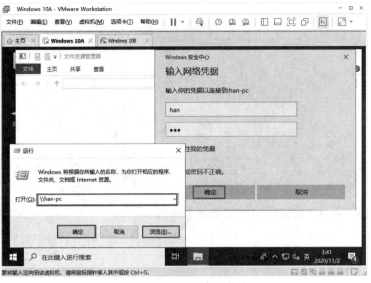

图 6-50　访问共享文件夹

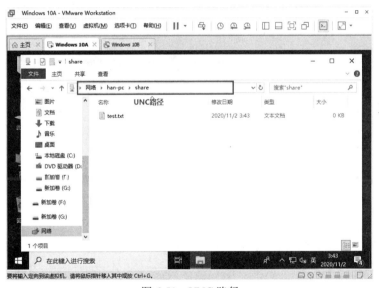

图 6-51　UNC 路径

6.3.3　系统变量

Windows 操作系统的命令提示符窗口中，在任何目录下都可以执行 Windows 命令，如 ipconfig、ping、netstat，而不用关心这些命令在什么目录下存放。如图 6-52 所示，在 C:\Users\Administrator>目录下可以执行 ipconfig 命令查看计算机的 IP 地址设置。

图 6-52　查看 IP

这些命令是存储在计算机系统目录 C:\Windows\System32 下的可执行文件，如图 6-53 所示。在任何目录下都可以执行这些命令，这是如何实现的呢？

图 6-53　Windows 命令

在 Windows 中设置系统变量或用户变量，其中系统变量中有一个 path 变量，用来指定搜索路径，也就是当执行一个命令时会自动搜索该变量指定的目录，找到该命令。下面就来演示如何查看系统变量、用户变量和 path 变量。

Step 1　如图 6-54 所示，右键单击桌面上的"此电脑"图标并选择"属性"选项。

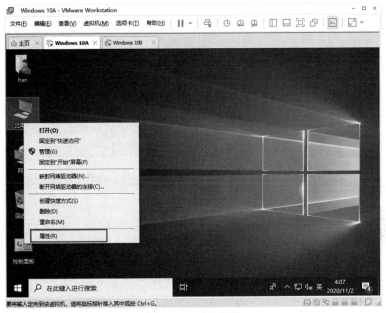

图 6-54　系统属性

Step 2　如图 6-55 所示，在打开的"系统"窗口中单击"高级系统设置"。

图 6-55　高级系统设置

Step 3 如图 6-56 所示，弹出"系统属性"对话框，在"高级"选项卡中单击"环境变量"
按钮，在弹出的"环境变量"对话框中可以看到有环境变量和系统变量，环境变量
对当前用户起作用，系统变量对当前操作系统起作用。

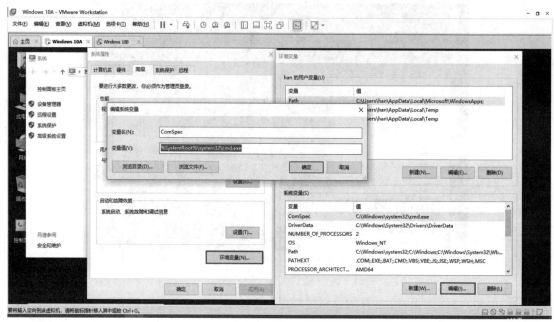

图 6-56　设置系统变量

Step 4 选中"系统变量"列表框中的 path，单击"编辑"按钮，在弹出的"编辑系统变量"
对话框中可以看到指定的路径，多个路径之间使用分号隔开，其中%SystemRoot%代
表系统目录即 C:\Windows。假如在 D 盘的 softcom 目录下创建了一个文件夹，该文
件夹中存放了一些命令，想要让系统能够在任何目录下执行该文件夹中的命令，则
可以在 path 变量中添加一个目录 D:\softcom，重启操作系统，系统变量生效。

Windows 如何在 cmd 命令行中查看、修改、删除和添加环境变量呢？

第一，需明确所有在 cmd 命令行下对环境变量的修改只对当前窗口有效，不是永久性的
修改。也就是说当关闭此 cmd 命令行窗口后，将不再起作用。永久性修改环境变量的方法有
两种：一种是直接修改注册表（此种方法目前没有试验过）；另一种是通过"此电脑"→"属
性"→"高级"来设置系统的环境变量。

第二，明确一下环境变量的作用。环境变量是操作系统用来指定运行环境的一些参数，如
临时文件夹位置和系统文件夹位置等。当运行某些程序时，除了在当前文件夹中寻找外，还会
到这些环境变量中去查找，比如 path 就是一个变量，里面存储了一些常用的命令所存放的目
录路径。

第三，什么情况下进行设置。当启动 cmd 命令行窗口调用某一命令的时候，经常会出现"xxx 不是内部或外部命令，也不是可运行的程序或批处理文件"，如果拼写没有错误，同时计算机中确实存在这个程序，那么出现这个提示就是你的 path 变量没有设置正确，因为你的 path 路径也就是默认路径里没有你的程序，同时你又没有给出你程序的绝对路径（因为你只是输入了命令或程序的名称而已），这时操作系统不知道去哪里找你的程序，就会提示这个问题。

第四，如何查看和修改变量。

查看当前所有可用的环境变量：输入 set 即可查看。

查看某个环境变量：输入"set 变量名"即可，比如想查看 path 变量的值，即输入 set path。

修改环境变量：输入"set 变量名=变量内容"即可，比如将 path 设置为 d:\nmake.exe，只要输入 set path="d:\nmake.exe"。注意，此修改环境变量是指用现在的内容去覆盖以前的内容，并不是追加。比如当设置了上面的 path 路径之后，如果再重新输入 set path="c"，再次查看 path 路径的时候，其值为"c:"，而不是"d:\nmake.exe"; "c"。

设置为空：如果想将某一变量设置为空，输入"set 变量名="即可。如"set path="，那么查看 path 的时候就为空。注意，上面已经说了，在 cmd 命令行下对环境变量的修改只在当前命令行窗口起作用，因此查看 path 的时候不要去右键单击"我的电脑"并选择"属性"选项。

给变量追加内容：输入"set 变量名=%变量名%;变量内容"。如为 path 添加一个新的路径，输入 set path=%path%;d:\nmake.exe 即可将 d:\nmake.exe 添加到 path 中，再次执行 set path=%path%;c:，那么使用 set path 语句来查看的时候将会有 d:\nmake.exe;c:，而不是像"修改变量"中的只有 c:。

6.3.4　打印相关的快捷键

如果想把当前屏幕保存成一个图片，可以按打印屏幕的快捷键 [PrtScr]，即 PrintScreen 键。打开画图软件，按 Ctrl+V 组合键即可将打印的屏幕复制到画图中，或者打开 Word 文件，按 Ctrl+V 将打印的屏幕作为图片复制到 Word 中。

如果只想打印当前活动窗口而不是整个屏幕，则可以按 Alt+PrintScreen。如图 6-57 所示，只想打印"无线网络连接 状态"对话框，则选中该对话框并按下 Alt+PrintScreen。

前面介绍的某些快捷键在浏览器或者文档中同样适用，比如复制文档的文字按 Ctrl+C、剪切按 Ctrl+X、粘贴按 Ctrl+V、取消按 Ctrl+Z 等。值得注意的是，文件或文件夹一定要选中才能对其进行操作。

图 6-57　打印的屏幕

6.4　Windows 下的常见命令

尽管 Windows 系统提供了图形界面，但熟练使用命令行能快速查看和完成一些设置。在 Windows 下可用的命令很多，下面进行分类讲解。

6.4.1　和网络相关的命令

下面介绍查看网络连接设置的命令、设置 IP 地址和 DNS 网关等的命令、测试网络连接的命令。

（1）ipconfig。ipconfig 命令用来查看计算机网络连接的 IP 地址、子网掩码、网关和 DNS、MAC 地址等设置。

在 Windows 中，如果打算查看命令的可用参数和帮助，可以使用 "/?" 查看，如图 6-58 所示。

如图 6-59 所示，输入 ipconfig /all 查看本地连接的 IP 地址和 MAC 地址，需要带参数/all，否则只显示 IP 地址的设置。可以看到该 IP 地址是 DHCP 服务器自动分配的，DHCP 服务器是 10.7.1.10。

如图 6-60 所示，Windows 命令的输出也可以重定向到一个文件，比如输入 ipconfig /all > c:\ipconfig.txt 使用 ">" 符号将 ipconfig 命令的输出重定向到 c:\ipconfig.txt 文件，该过程会创建一个新文件。如果使用 ">>" 符号则可以将输出追加到已有文件。

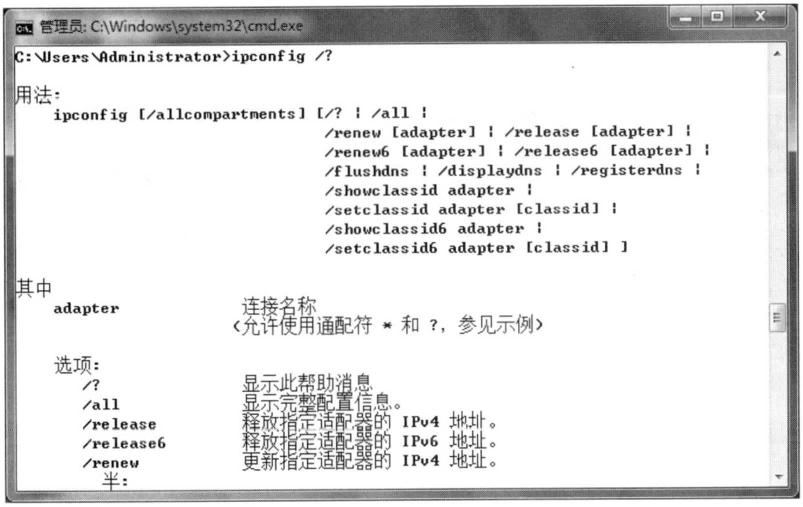

图 6-58　命令帮助

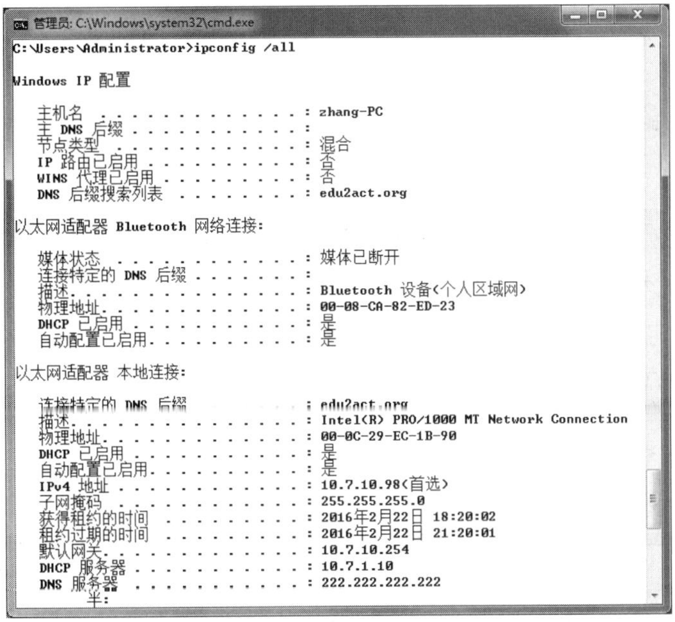

图 6-59　查看网络连接的设置

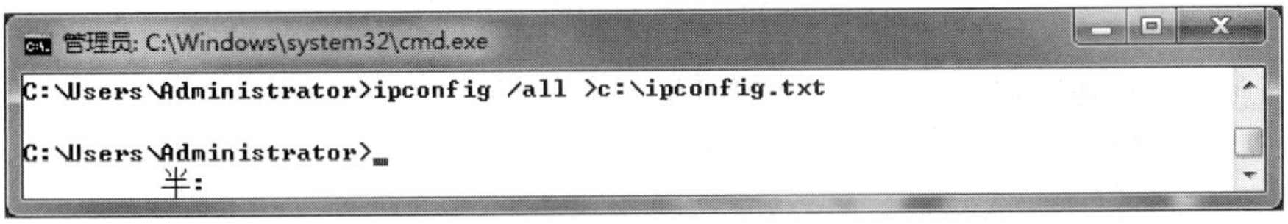

图 6-60　输出重定向

6 Chapter

如图 6-61 所示，打开 C 盘，可以看到创建的文件 ipconfig.txt，双击该文件可以看到该文件的内容。

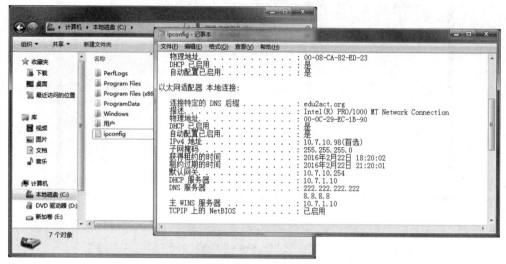

图 6-61　查看输出

Windows 命令输出的内容太多，还可以将输出结果进行过滤，查找满足条件的行。如图 6-62 所示，输入"| find "条件""，用来显示满足条件的行。

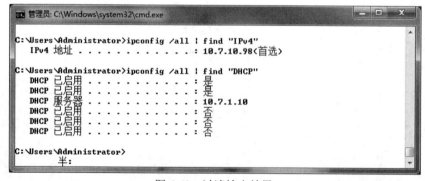

图 6-62　过滤输出结果

（2）netsh。netsh（Network Shell）是 Windows 系统本身提供的功能强大的网络配置命令行工具。

如图 6-63 所示，输入以下命令可以设置"本地连接"使用静态 IP 地址、子网掩码和网关。

netsh interface ip set address "本地连接" static 192.168.10.12 255.255.255.0 192.168.10.1

以下命令可以给一个网卡添加第二个 IP 地址和子网掩码。

netsh interface ip add address "本地连接" 10.7.10.212 255.255.255.0

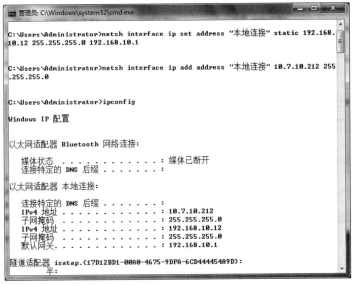

图 6-63　添加多个 IP 地址

下面列出单独设置"本地连接"IP 地址、DNS 地址及 wins 地址的命令。

netsh interface ip set address "本地连接" static 10.7.10.90
netsh interface ip set dns "本地连接" static 202.99.160.68
netsh interface ip set wins "本地连接" static 10.1.2.200

图 6-64 所示为给"本地连接"设置多个 DNS 服务器的命令。主 DNS 服务器使用
register=primary 标明，第二个 DNS 服务器使用 index=2 标明。

netsh interface ip set dns "本地连接" static 8.8.8.8 register=primary
netsh interface ip add dns "本地连接"　222.222.222.222 index=2

图 6-64　配置使用多个 DNS 服务器

 注释： 因为设置的 IP 地址造成该计算机不能访问 Internet，所以不能访问指定的
DNS 服务器 8.8.8.8 和 222.222.222.222，因此提示配置的 DNS 服务区不正确或不
存在，但是不影响设置生效。

如图 6-65 所示，设置"本地连接"使用动态 IP 地址。

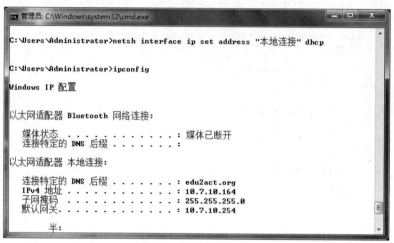

图 6-65 设置"本地连接"使用动态 IP 地址

（3）ping。ping 是 Windows、UNIX 和 Linux 系统下的一个命令，利用 ping 命令可以检查网络是否连通，可以很好地帮助分析和判定网络故障。应用格式：ping 空格 IP 地址。该命令还可以加许多参数使用，键入 ping 并回车即可看到详细说明，该命令使用 ICMP 协议。

图 6-66 所示为测试到网关是否通，ping 10.7.10.1，发送 4 个数据包给 10.7.10.1，并且都从该地址返回响应数据包，延迟小于或等于 1ms（毫秒），局域网的延迟通常小于 10ms。

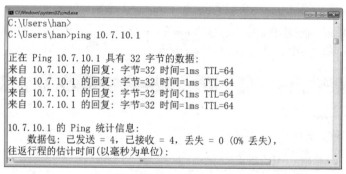

图 6-66 测试与网关是否能通信

如图 6-67 所示，ping 有很多参数，可以输入"ping /?"来查看。

其中-t 参数用来指定一直发送数据包，直到按 Ctrl+C 键结束。如图 6-68 所示，一个公司的内网访问慢，使用带-t 参数的 ping 命令进行测试，ping 同一个网段的一个 IP 地址，发现 time（延迟）接近 2000ms，并且断断续续通，大多数是 Request timed out（请求超时）。这种情况可以断定内网出现了网络堵塞。等我们学完网络课程，就会使用抓包工具来分析网络中的数据包，找到问题所在。

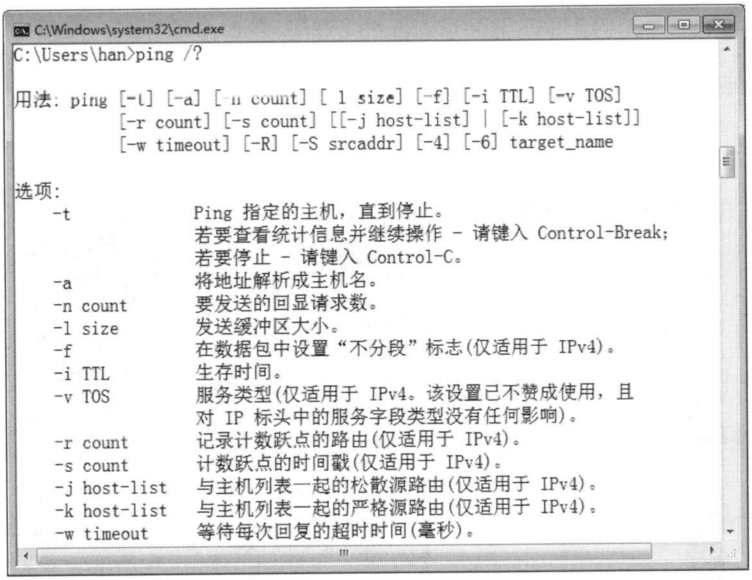

图 6-67　ping 命令的参数

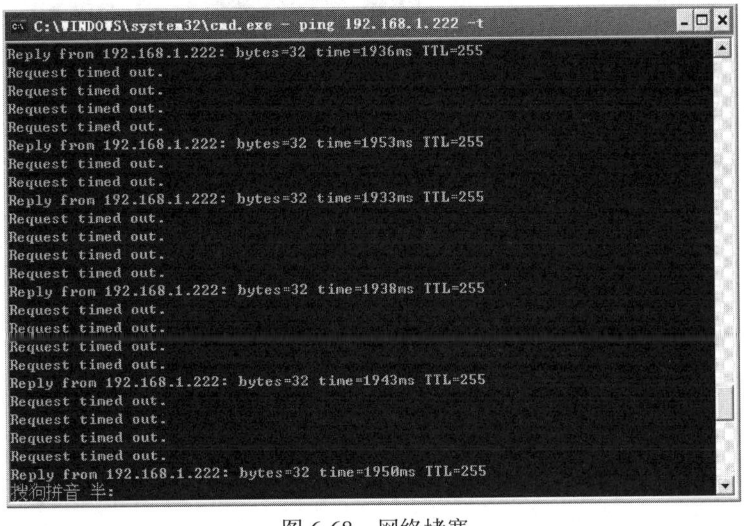

图 6-68　网络堵塞

6.4.2　和用户相关的命令

使用图形界面可以创建用户，也可以使用命令创建用户、重设用户账户和密码、删除用户、将用户添加到组或从组中删除。

如图 6-69 所示，在搜索框中输入"cmd"，右键单击"命令提示符"并选择"以管理员身份运行"选项，这样在打开的命令提示符下输入管理用户的命令才有权限执行，否则提示没权限创建和管理用户，即使使用管理员账户登录也不行。在弹出的"用户账户控制"对话框中单击"是"按钮。

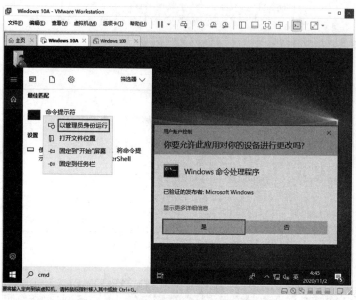

图 6-69　以管理员身份打开命令提示符

如图 6-70 所示，net user 命令用来查看计算机现有的用户账户，net user han 91xueit.com /add 用来创建用户账户，其中 han 是用户名，91xueit.com 是密码，/add 参数是创建用户，如果没有/add 参数，只输入 net user han 91xueit.com，则表示重设用户密码。

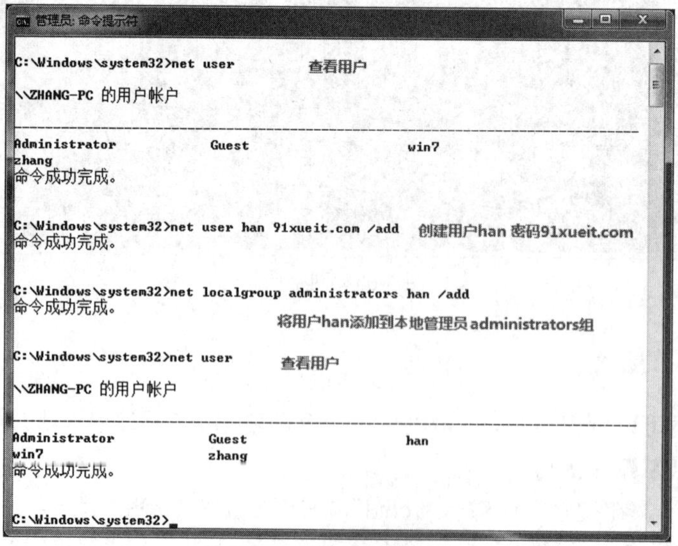

图 6-70　查看和创建用户

输入 net localgroup administrators han /add 命令，可以将 han 用户账户添加到本地管理员组 administrators，/add 参数表示添加到该组。

如图 6-71 所示，输入 net localgroup administrators han /del 可以把 han 用户从管理员组 administrators 中删除，输入 net user han /del 可以删除现有用户。

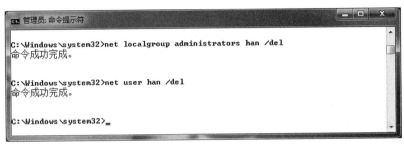

图 6-71　删除用户

6.4.3　关机重启的命令

shutdown 命令在 Windows 下的作用是关机，通过使用 shutdown 命令可以轻松地完成定时关机之类的任务，不需要再借助第三方软件。

shutdown 常用命令格式如下（Windows 10 下需要管理员权限），输入 shutdown /? 可以看到该命令的可用参数：

```
C:\Windows\system32>shutdown /?
    /l: 注销。不能与/m 或/d 选项一起使用。
    /s: 关闭计算机。
    /r: 关闭并重新启动计算机。
    /g: 关闭并重新启动计算机。系统重新启动后，重新启动所有注册的应用程序。
    /a: 终止系统关闭。这只能在超时期间使用。
    /p: 关闭本地计算机，没有超时或警告。
    /m \\computer: 指定目标计算机。
    /t xxx: 设置关闭前的超时为 xxx 秒，有效范围是 0～315360000（10 年），默认值为 30。
```

下面简单说一下怎样用 shutdown 命令定时关机和延时关机。

定时关机：比如定时在 21:20 关机（我们学校 23:30 熄灯，所以要先关机），命令就是 at 21:20 shutdown /p，其中 at 21:20 就是说命令在 21:20 执行，shutdown /p 就是执行正常关机命令。at 命令用来创建一个任务计划。

如图 6-72 所示，以管理员的身份打开命令提示符，输入 at 21:20 shutdown /p，就制订了一个任务计划，到点关机。

延时关机：比如从现在起 20 秒后关机，那么命令就是 shutdown /r /t 20，其中/t 表示延时参数，20 是秒数，如图 6-73 所示。

图 6-72　定时关机

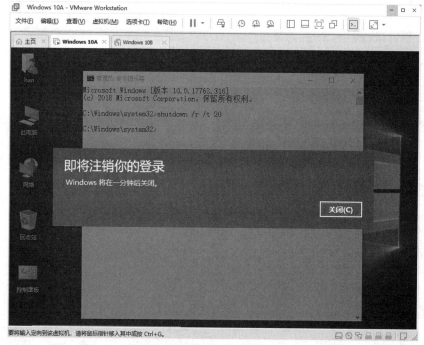

图 6-73　延时关机

6.4.4　用户账户控制（UAC）

用户账户控制（User Account Control，UAC）是微软公司在其 Windows Vista 及更高版本操作系统中采用的一种控制机制。其原理是通知用户是否对应用程序使用硬盘驱动器和系统文件授权，以达到帮助阻止恶意程序（有时也称为"恶意软件"）损坏系统的效果。

使用 UAC，应用程序和任务总是在非管理员账户的安全上下文中运行，但管理员专门给系统授予管理员级别的访问权限时除外。UAC 会阻止未经授权应用程序的自动安装，防止无意中对系统设置进行更改。

查看 Windows 10 默认的 UAC 控制级别。打开"控制面板"窗口，单击"用户账户"，再单击"用户账户"，如图 6-74 所示。

图 6-74　打开用户账户管理

如图 6-75 所示，在打开的"用户账户"窗口中单击"更改用户账户控制设置"。

图 6-75　更改用户账户控制设置

如图 6-76 所示，在打开的"用户账户控制设置"窗口中可以看到有 4 种级别，默认是"仅当应用尝试更改我的计算机时通知我"。若在该级别下打开命令提示符，在命令提示符下执行命令更改系统设置将会提示没有权限。为了能够顺利执行批处理文件（扩展名为.bat 的文件，下面会讲到），需要将 UAC 级别调整为"从不通知"，单击"确定"按钮，重启系统。

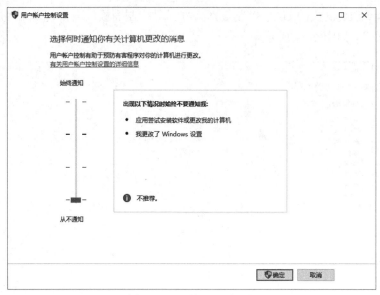

图 6-76　调整 UAC 级别

默认 UAC 设置会在程序尝试对计算机进行更改时通知，但是你可以通过调整设置来控制 UAC 通知的频率。

表 6-1 描述了 UAC 设置以及每个设置对计算机安全的潜在影响。

表 6-1　UAC 设置以及每个设置对计算机安全的潜在影响

设置	描述	安全影响
始终通知	在程序对计算机或 Windows 设置进行更改（需要管理员权限）之前系统会通知你 收到通知后，桌面将会变暗，你必须先批准或拒绝 UAC 对话框中的请求，然后才能在计算机上执行其他操作。变暗的桌面称为安全桌面，因为其他程序在桌面变暗时无法运行	这是最安全的设置 收到通知后，应该先仔细阅读每个对话框中的内容，然后再允许对计算机进行更改
仅当应用尝试更改我的计算机时通知我	在程序对计算机进行更改（需要管理员权限）之前系统会通知你 如果尝试对 Windows 设置进行更改（需要管理员权限），系统将不会通知你 如果 Windows 外部的程序尝试对 Windows 设置进行更改，系统会通知你	通常允许对 Windows 设置进行更改而不通知你是很安全的。但是 Windows 附带的某些程序可以传递命令或数据，某些恶意软件可能会通过使用这些程序的安装文件或更改计算机上的设置来利用这一点。应该始终小心对待允许在计算机上运行的程序
仅当应用尝试更改我的计算机时通知我（不降低桌面亮度）	在程序对计算机进行更改（需要管理员权限）之前系统会通知你 如果尝试对 Windows 设置进行更改（需要管理员权限），系统将不会通知你 如果 Windows 外部的程序尝试对 Windows 设置进行更改，系统会通知你	此设置与"仅当应用尝试更改我的计算机时通知我"相同，但你不会在安全桌面上收到通知，由于 UAC 对话框不在带有此设置的安全桌面上，因此其他程序可能会影响对话框的可视外观。如果已有一个恶意程序在你的计算机上运行，这会是一个较小的安全风险

续表

设置	描述	安全影响
从不通知	在对你的计算机进行任何更改之前你都不会收到通知。如果你以管理员的身份登录，则程序可以在你不知道的情况下对计算机进行更改 如果你以标准用户身份登录，则任何需要管理员权限的更改都会被自动拒绝 如果选择此设置，将需要重新启动计算机来完成关闭 UAC 的过程。UAC 关闭后，以管理员身份登录的人员将始终具有管理员权限	这是最不安全的设置。如果将 UAC 设置为"从不通知"，那么你在打开计算机时会有潜在的安全风险 如果你将 UAC 设置为"从不通知"，则应该小心对待所运行的程序，因为这些程序与你一样有权访问计算机。这包括读取和更改受保护的系统区域、你的个人数据、保存的文件和存储在计算机上的任何其他内容。这些程序还能够与你的计算机所连接的任何网络（包括 Internet）进行通信

6.4.5　批处理 BAT

前面介绍了 Windows 下的常用命令，可以将一条或多条命令写入记事本文件，将记事本文件的扩展名更改为.bat 就成为批处理文件，双击该文件即可按顺序批量执行这些命令，从而实现一个完整的功能。

现在需要在计算机上批量添加三个用户并将这三个用户添加到administrators组。如图 6-77 所示，创建一个记事本文件 adduser.txt，输入创建用户的命令，注意一条命令单独占一行，保存文件。要想能够顺利执行这些命令，需要将用户账户控制级别调整到"从不通知"。

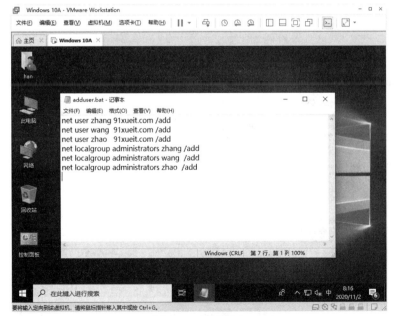

图 6-77　创建用户

6　Chapter

如图 6-78 所示，更改文件扩展名为.bat，在弹出的"重命名"对话框中单击"是"按钮。

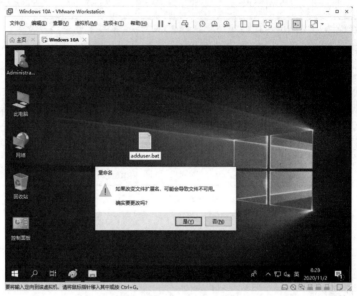

图 6-78　更改文件扩展名为 bat

双击 adduser.bat 文件就执行了该文件中的全部命令。右键单击桌面上的"此电脑"图标并选择"管理"选项，弹出"计算机管理"对话框，单击"用户"，可以看到执行批处理文件创建的用户账户，如图 6-79 所示。

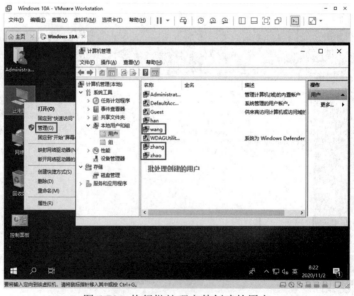

图 6-79　执行批处理文件创建的用户

下面创建一个批处理文件，用来备份全部文件后关机，同时记录备份开始和结束时间到 c:\backup.log 日志。创建记事本文件，输入如图 6-80 所示的内容。

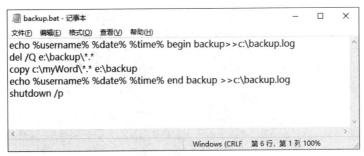

图 6-80　备份关机批处理

echo %username% %date% %time% begin backup>>c:\backup.log：%username%、%date%、%time%是三个变量，分别用来读取当前登录计算机的用户、当前日期和时间，"＞＞"符号用来将 echo 的输出追加到 c:\backup.log 文件中，用来记录备份开始时间。

del /Q e:\backup*.*：备份前删除目标目录文件夹中的全部文件，"/Q"参数，在删除时不出现确认对话框，直接删除。

copy c:\myWord*.* e:\backup：用来实现将 C:盘上 myWord 文件夹中的文件拷贝到 E 盘的 backup 文件夹中。

echo %username% %date% %time% end backup ＞＞c:\backup.log：记录备份结束时间。

shutdown /p：/p 参数，关闭本地计算机，没有超时或警告。

双击 backup.bat 运行批处理文件。备份完后关机，再次运行虚拟机，登录后可以看到 C 盘中的 backup.log 文件记录了备份开始和结束时间，如图 6-81 所示。

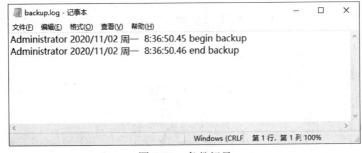

图 6-81　备份记录

6.4.6　任务计划

在 Windows 中周期性执行的命令或者需要在指定的时间执行一次的命令，可以使用 at 命令创建任务计划。

Step 1 如图 6-82 所示，将批处理文件拷贝到 C:盘根目录，创建任务计划设置在 10:15 执行该批处理文件，等时间到了就会自动执行备份关机。

图 6-82　使用 at 创建任务计划

Step 2 如图 6-83 所示，可以管理创建的任务计划。单击"开始"→"W"→"Windows 管理工具"→"任务计划程序"命令。

Step 3 如图 6-84 所示，查看已有的任务计划，双击 AutoPico Daily Restart 任务。

图 6-83　打开任务计划

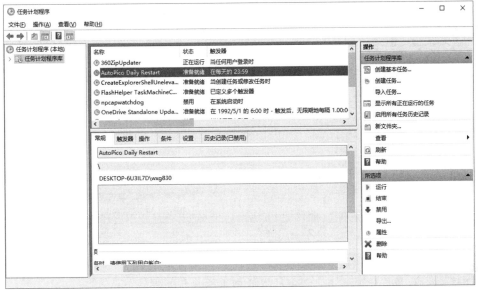

图 6-84   现有的任务计划

Step 4 如图 6-85 所示，弹出 "AutoPico Daily Restart 属性" 对话框，在 "常规" 选项卡中将任务配置设置为 Windows 10；如图 6-86 所示，在 "触发器" 选项卡中可以添加多个执行时间，也可以单击 "编辑" 按钮修改现有的执行计划。

Step 5 如图 6-87 所示，在弹出的 "编辑触发器" 对话框中可以指定该任务计划是每天执行、每周执行还是每月执行，可以设置执行的日期和执行的时间；如图 6-88 所示，在 "操作" 选项卡中可以看到该任务计划执行的程序，当然也可以添加多个执行程序，让一个任务计划执行多个程序。

图 6-85   更改配置

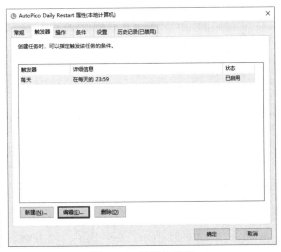

图 6-86   编辑触发器

6
Chapter

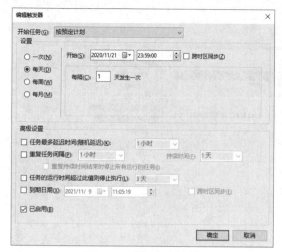 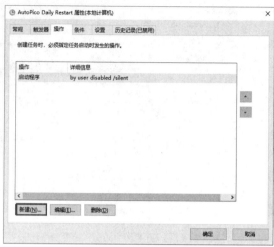

图 6-87　制订任务计划　　　　　　　图 6-88　添加多个程序

下面使用图形界面来演示如何创建任务计划实现开会提醒。

Step 1　如图 6-89 所示，单击"创建基本任务"。

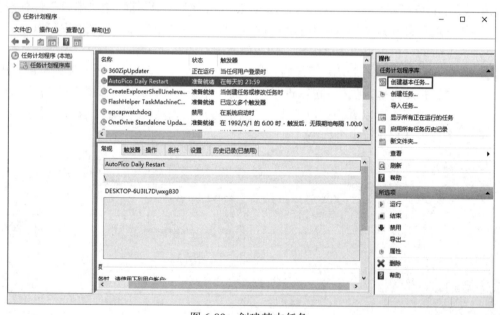

图 6-89　创建基本任务

Step 2　如图 6-90 所示，在弹出的"创建基本任务"对话框中输入任务计划的名称"每天下午 6 点定时关机"，然后单击"下一步"按钮。

Step 3　如图 6-91 所示，在弹出的"任务触发器"对话框中选择"每天"，然后单击"下一步"按钮。

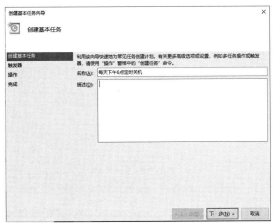

图 6-90　指定任务名称

图 6-91　任务触发

Step 4　如图 6-92 所示，在弹出的"每天"对话框中指定开始时间，然后单击"下一步"按钮。

Step 5　如图 6-93 所示，在弹出的"操作"对话框中选择"启动程序"，然后单击"下一步"按钮。

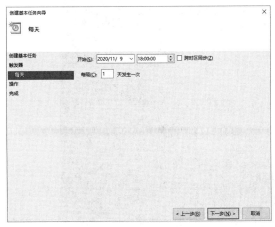

图 6-92　指定时间

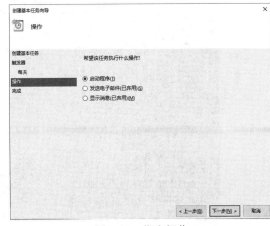

图 6-93　指定操作

Step 6　如图 6-94 所示，在弹出的"启动程序"对话框中可以输入程序或脚本，还可以指定参数，然后单击"下一步"按钮。

Step 7　如图 6-95 所示，在弹出的"摘要"对话框中单击"完成"按钮。

6 Chapter

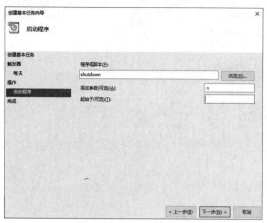

图 6-94　启动程序

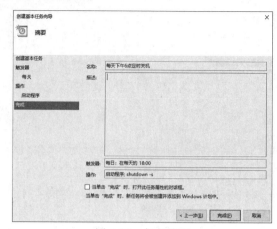

图 6-95　任务摘要

如图 6-96 所示，等到任务计划执行的时间可以看到桌面上出现了提醒对话框。

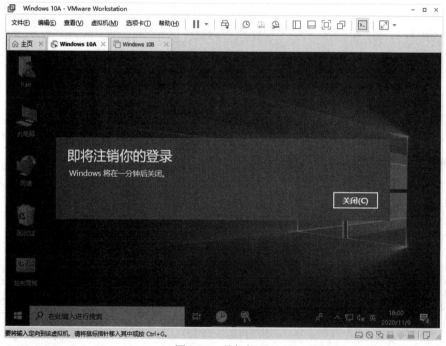

图 6-96　关机提醒

当然也可以到点播放一段音乐作为提醒。希望通过以上案例达到举一反三的效果，比如维护一个服务器，需要每天清除临时文件，或每周进行磁盘整理，或每天 24 点进行重启，都可以使用任务计划来实现。

第7章
Windows 服务和注册表

Windows 操作系统运行了很多服务，有些服务服务于本地计算机，有些服务为网络中的计算机提供服务，本章介绍 Windows 10 操作系统的一些常见服务，并演示如何在 Windows 10 操作系统上安装对外的服务。

Windows 有注册表，用来保存操作系统和用户的一些设置，本章将演示如何使用注册表控制计算机和用户的一些行为，并演示如何导入导出注册表。

Windows 操作系统有配置工具 msconfig，可以用来控制计算机启动时启动哪些服务、用户登录计算机后自动运行哪些程序，通过这个工具可以将不用的服务停掉和查找可疑的服务（有可能是木马）。

主要内容

- 查看 Windows 服务
- 给 Windows 10 安装服务
- 注册表保存计算机设置
- 注册表保存用户设置
- 导入导出注册表
- Windows 系统配置工具 msconfig

7.1 服务

即使你的计算机安装的是 Windows 7 或 Windows 10，而不是 Windows Server 操作系统，安装完系统后也会有很多服务。这些服务分两种：一种是对本地系统提供服务；另一种是对网络中的计算机提供服务，如 Web 服务、FTP 服务。

下面介绍 Windows 10 操作系统中的一些常见服务，并演示这些服务的作用，即一旦某个服务停止会给操作系统带来什么影响。

7.1.1 查看 Windows 10 的服务

在 Windows 10 中打开"运行"对话框，输入 services.msc，单击"确定"按钮打开服务管理工具，如图 7-1 所示。

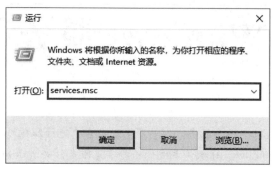

图 7-1 打开服务管理工具

如图 7-2 所示，可以看到服务的名称和描述，可以看到服务的状态是已启动还是未启动，可以看到服务的启动类型"手动""禁用"和"自动"。启动类型为"自动"，意味着该服务开机就会自动启动。双击某个服务可以打开服务的"属性"对话框。

图 7-2 服务管理工具

7.1.2　为本地系统提供服务的服务

Windows 10 的某些功能需要本地服务提供支持，如果这些服务停止了，会发现有些功能就不能实现了。下面介绍 Windows 系统中常见服务的功能。

（1）Network Connections 服务。该服务若是停止，则不能通过图形界面更改计算机的 IP 地址。

打开服务管理工具，双击 Network Connections 服务，弹出"Network Connections 的属性"对话框，在"常规"选项卡中将服务启动类型设置为"禁用"，一定要设置成"禁用"，单击"停止"按钮停止该服务，再单击"应用"按钮，如图 7-3 所示。

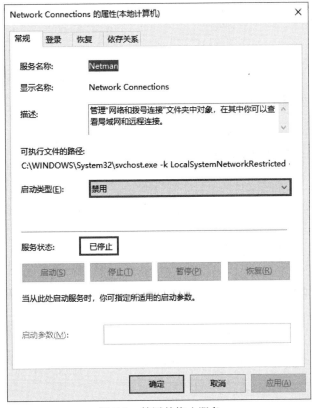

图 7-3　禁用并停止服务

如图 7-4 所示，右键单击桌面的"网络"图标，选择"属性"，打开"网络和共享中心"窗口，提示"已禁用对该状态进行检测的服务"。

该服务停止不影响通过 netsh 命令设置 IP 地址，使用 ipconfig 可以查看 IP 地址。要想禁止员工自己更改地址，有两种办法：一种是不给用户管理员权限；另一种是停止 Network Connections 服务，一般员工是想不到使用 netsh 更改 IP 地址的。

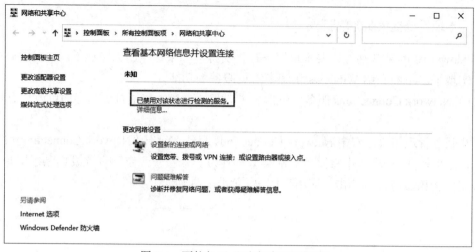

图 7-4　不能打开"更改适配器设置"

（2）Virtual Disk 服务。该服务为管理磁盘提供服务，禁用并停止该服务，不能使用磁盘管理工具管理磁盘，如图 7-5 所示。

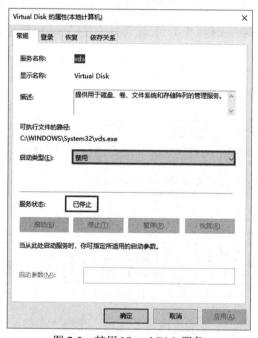

图 7-5　禁用 Virtual Disk 服务

如图 7-6 所示，右键单击桌面上的"此电脑"图标并选择"管理"选项，打开"计算机管理"窗口，单击"磁盘管理"，弹出"磁盘管理"对话框，提示磁盘管理无法在 WXG830-PC上启动虚拟磁盘服务，单击"确定"按钮。

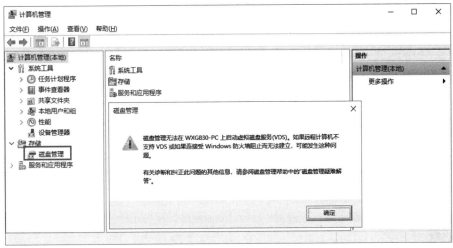

图 7-6   磁盘管理失败

（3）Windows Defender Firewall 服务。Windows Defender Firewall 通过阻止未授权用户通过 Internet 或网络访问你的计算机来帮助保护计算机。如果该服务停止，你设置的安全规则将会失效，Windows 10 的网络将会进入最高安全模式，关闭全部端口，阻止一切主动进入的流量，不拦截主动出去的流量，如图 7-7 所示。

（4）DHCP Client 服务。如果计算机的 IP 地址设置成自动获得，如图 7-8 所示，计算机的 DHCP Client 服务必须是启动状态才能从 DHCP 服务器获得 IP 地址等设置，如果该服务停止，该计算机将不能自动获得 IP 地址。

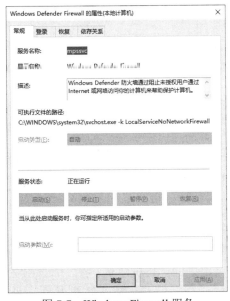

图 7-7   Windows Firewall 服务

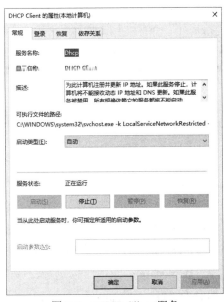

图 7-8   DHCP Client 服务

如笔记本电脑不能访问 Internet，接上网线，ipconfig 看到的地址是 169.254 网段的地址，就知道没有获得合法的 IP 地址，但是将 IP 地址设置成静态地址则可以访问 Internet，可以断定是不能获得 IP 地址引起的故障，可检查 DHCP Client 服务，如该服务设置成了"禁用"，启用该服务，问题就可以解决了。

（5）Print Spooler 服务。如果你使用的计算机需要连接远程共享的打印机，则计算机的 Print Spooler 服务必须是启动状态，否则不能连接远程共享的打印机，如图 7-9 所示。

（6）Server 服务。有时候根据需要会创建共享文件夹，提供创建共享文件夹的服务是 Server，如果该服务停止了，那么就不能在计算机上创建共享文件夹了，已创建好的共享文件夹也会因此而变成不共享的，如图 7-10 所示。若该服务由停止变为运行，那么之前创建的共享文件夹又能共享了。

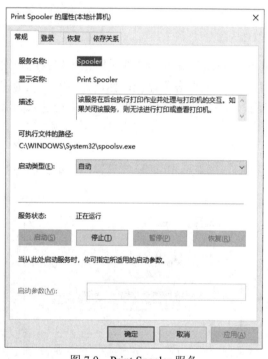

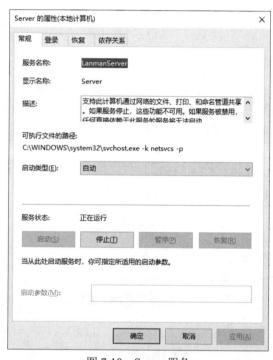

图 7-9　Print Spooler 服务　　　　　　　　图 7-10　Server 服务

某医院的网络管理员想禁止单位的计算机随便共享文件夹，担心病毒在访问共享文件夹的过程中传播，有两个办法：第一是不给其他人管理员身份的账户；第二是禁用 Server 服务。禁用服务之后创建共享文件夹时会提示无法创建，如图 7-11 所示。

（7）Workstation 服务。如果你的 Windows 10 创建了共享文件夹，打算让网络中的计算机访问，Workstation 服务必须运行，该服务负责和网络中的计算机建立连接。若该服务停用了，即使你创建了共享文件夹，其他计算机也不能访问。Server 服务负责共享文件夹，

Workstation 服务能够让其他计算机访问共享文件夹，不要弄混。

（8）Themes 服务。Windows 10 有绚丽的窗口，依赖于 Themes 服务，如果该服务停止，绚丽的窗口将会恢复本色。图 7-12 所示的窗口就是停止 Themes 服务后的窗口。

图 7-11　没有"共享"选项卡

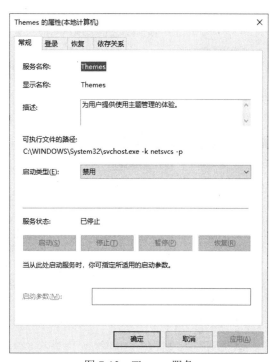

图 7-12　Themes 服务

（9）Windows Time 服务。计算机上的时间是以互联网上的时间为准的，当计算机上的时间与互联网上的时间有冲突时，可以手动校准时间，校准功能依赖于 Windows Time 服务，当这个服务停止（图 7-13）时我们在计算机上校准时间的时候就会出现图 7-16 所示的界面。

当系统时间服务启动时才能正确校准时间，也可以通过重启 Windows Time 来校准时间。校准时间的步骤为：单击屏幕右下角的时间，单击"设置"图标，再单击"更改日期和时间设置"，如图 7-14 所示，弹出"日期和时间"对话框，在"Internet 时间"选项卡中可以看到同步时间的信息，单击"更改设置"按钮，如图 7-15 所示。在弹出的"Internet 时间设置"对话框中选中"与 Internet 时间服务器同步"复选项，单击"立即更新"按钮，你的计算机系统时间立即被同步。如果停止了 Windows Time 服务，则不能实现"立即更新"，如图 7-16 所示。

图 7-13　服务停止

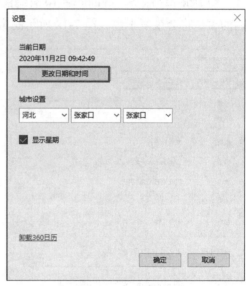

图 7-14　打开时间设置框

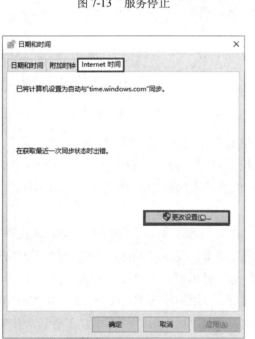

图 7-15　更改日期和时间

图 7-16　更新时间出现错误

（10）Task Scheduler 服务。该服务负责执行任务计划，如果该服务停止，你创建的任务计划将不会按时执行。

（11）Windows Audio 服务。该服务管理基于 Windows 程序的音频。如果此服务被停止，音频设备和效果将不能正常工作。通俗地说，就是该服务已停止，你的计算机就不能播放声音了，哪怕你的计算机有声卡驱动程序也不行。Windows 10 默认该服务运行，Windows Server 默认禁用。

（12）WLAN AutoConfig 无线服务。现在的计算机基本上都能使用无线设备上网，能搜索到附近的无线也是通过服务 WLAN AutoConfig 实现的，如果该服务停止，则将不能使用无线上网了。

7.1.3　计算机对外的服务

上面介绍的服务是对操作系统提供的一些功能，还有一些服务是对网络中的计算机提供服务的，这些服务会打开 TCP 或 UDP 协议的某个端口，侦听客户端的请求。下面就介绍一些常见的对外服务。

Windows 7、Windows 10 和 Windows Server 都支持远程桌面，只不过 Windows 7 和 Windows 10 是单用户操作系统，所谓单用户操作系统，就是指同一时间只允许有一个用户登录。Windows Server 是多用户操作系统，可以允许用户使用远程桌面进行连接登录，并不影响当前登录的用户。

下面演示如何给 Windows 10 启用远程桌面，使用远程桌面连接 Windows 10 需要两个虚拟机 Windows 10A 和 Windows 10B。

Step 1 如图 7-17 和图 7-18 所示，将 Windows 10A 的远程桌面功能开启。

图 7-17　打开系统属性

图 7-18　启用远程桌面

Step 2　如图 7-19 所示，在 Windows 10B 虚拟机中，打开"运行"对话框，输入 mstsc，单击"确定"按钮，在弹出的"远程桌面连接"对话框中输入 Windows 10A 的 IP 地址，然后单击"连接"按钮。

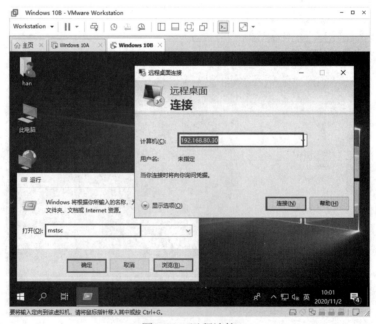

图 7-19　远程连接

Step 3 如图 7-20 所示，弹出 "Windows 安全中心" 对话框，输入 Windows 10A 上的一个管理员账户和密码，再单击 "确定" 按钮，在弹出的 "远程桌面连接" 对话框中单击 "是" 按钮。

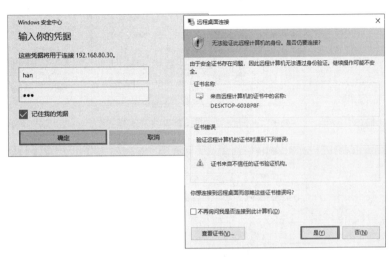

图 7-20　输入 Windows 10A 账户

如图 7-21 所示，可以看到在 Windows 10B 虚拟机上使用 mstsc 远程登录的 Windows 10A。但是如果在 Windows 10A 上登录，远程桌面连接就会断开。

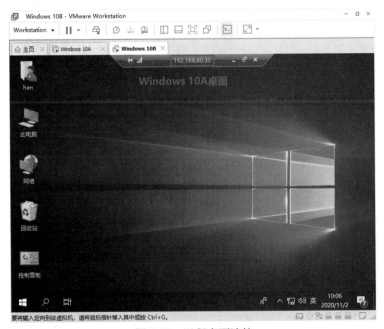

图 7-21　远程桌面连接

Chapter 7

以上功能依赖于 Remote Desktop Services 服务，如图 7-22 所示，该服务会使用 TCP 的 3389 端口侦听客户端 mstsc 的请求，停止该服务，客户端就不能连接了。

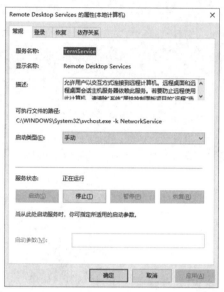

图 7-22　Remote Desktop Services 服务

在 Windows 10A 上打开命令提示符，输入 netstat -an | find "3389"可以看到该服务侦听的端口。停止 Remote Desktop Services 服务，再运行 netstat -an | find "3389"则看不到在 TCP 3389 端口的侦听，如图 7-23 所示。

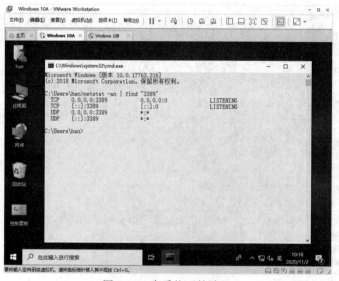

图 7-23　查看侦听的端口

7.2 安装和配置服务

下面介绍如何在 Windows 10 上安装 Web 服务、FTP 服务和 Telnet 服务，并演示如何配置和使用这些服务。

7.2.1 在 Windows 10 上安装服务

Windows 7 和 Windows 10 这类操作系统不是专门用来作服务器的操作系统，但是也可以安装常见的几个服务。在 Windows 10 上安装服务是以功能的形式安装的。下面演示如何在 Windows 10A 上安装 Telnet 服务和 Web 服务。

Step 1　如图 7-24 所示，在 Windows 10A 上打开"控制面板"窗口，单击"程序"。

图 7-24 打开程序管理

Step 2　如图 7-25 所示，单击"启用或关闭 Windows 功能"。

Step 3　弹出"Windows 功能"对话框，展开"Internet 信息服务"，选中 FTP 服务、Web 管理工具和万维网服务，再选中 Telnet Client，单击"确定"按钮，如图 7-26 所示。

图 7-25　启用或关闭 Windows 功能

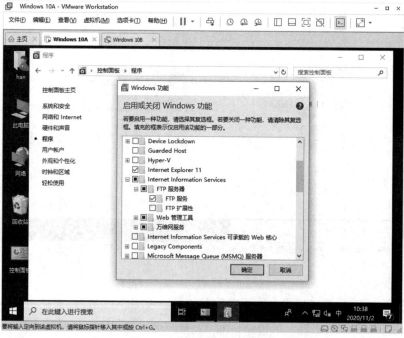

图 7-26　安装 Windows 功能

安装后，打开服务管理工具，可以看到多了 World Wide Web 发布服务，处于运行状态，如图 7-27 所示。

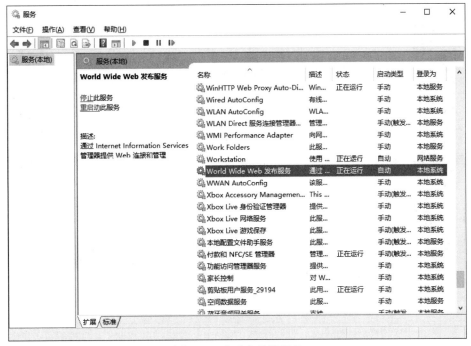

图 7-27　查看安装的服务

7.2.2　配置和访问 Web 服务

安装上 Web 服务后，就有一个默认网站，网站其实就是一个存放了一组网页的文件夹，默认网站的位置为 C:\inetpub\wwwroot，我们在默认网站中创建一个网页，其实很简单，创建一个记事本文件并输入如图 7-28 所示的内容，将文件重命名为 index.html，就创建了一个简单的网页。

Step 1　如图 7-29 所示，单击"管理工具"→"Internet 信息服务（IIS）管理器"。

Step 2　如图 7-30 所示，设置网站的默认网页，单击"默认文档"。

Step 3　如图 7-31 所示，选中 index.html，单击"上移"按钮，在弹出的对话框中单击"是"按钮。连续单击"上移"按钮将 index.html 上移到最顶端。

Step 4　要想让网络中的计算机访问该网站，需要设置防火墙，打开 TCP 的 80 端口。打开"运行"对话框，输入 wf.msc 打开"高级安全 Windows Defender 防火墙"窗口，选中"入站规则"，找到"万维网服务（HTTP 流量入站）"，双击该规则，在弹出的"规则属性"对话框的"常规"选项卡中选择"已启用"复选项（默认已启用），单击"确定"按钮，如图 7-32 所示。

7　Chapter

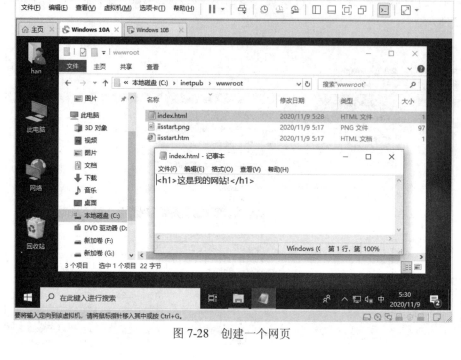

图 7-28　创建一个网页

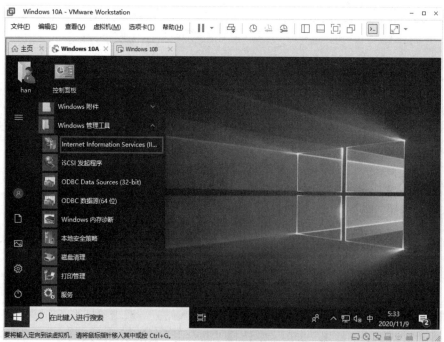

图 7-29　打开 Web 管理工具

图 7-30　设置默认文档

图 7-31　调整首页

Chapter
7

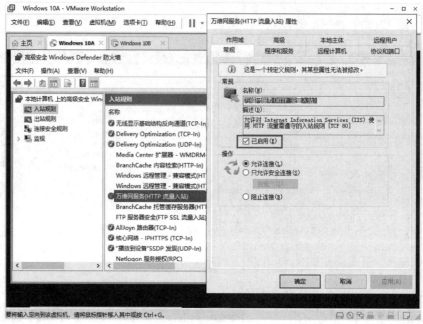

图 7-32　启用防火墙规则

Step 5　如图 7-33 所示，在 Windows 10B 虚拟机上打开浏览器，输入http://192.168.10.200并回车即可访问到自己创建的网页。

图 7-33　访问网站

访问网站使用 http 协议，该协议使用的是 TCP 的 80 端口，如图 7-34 所示，在命令提示符下输入 netstat -n 可以查看建立的会话、使用的协议、目标地址、目标端口、源地址和源端口。如果没有看到这个，则打开浏览器并按 F5 键刷新一下页面，再输入命令 netstat -n 就可以看到访问网站的会话了。

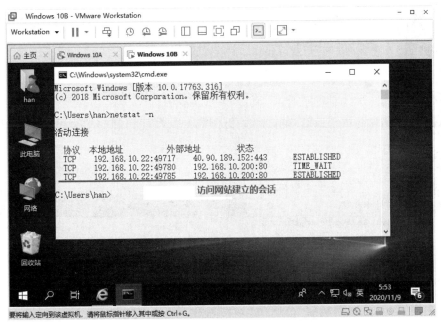

图 7-34　访问网站的会话

7.2.3　创建和访问 FTP 服务

FTP 服务可以让我们将文件上传到服务器或从服务器下载到本地，从而实现数据共享。下面演示如何创建和访问 FTP 站点。

Step 1　在 Windows 10A 上打开 Web 管理工具（Internet 信息服务管理器），单击左侧的"网站"，再单击右侧的"添加 FTP 站点"，如图 7-35 所示。

Step 2　如图 7-36 所示，在弹出的"添加 FTP 站点"对话框中输入 FTP 站点名称，指定 FTP 路径，然后单击"下一步"按钮。

Step 3　如图 7-37 所示，在弹出的"绑定和 SSL 设置"对话框中，IP 地址选择"全部未分配"，查看 FTP 使用的端口，SSL 选择"无"，单击"下一步"按钮。

Step 4　如图 7-38 所示，在弹出的"身份验证和授权信息"对话框中选中"匿名"和"基本"复选项，"授权"选择"所有用户"，"权限"选择"读取"和"写入"，单击"完成"按钮。

Step 5　如图 7-39 所示，可以看到创建好的 FTP 站点，可以单击右侧的操作进行进一步的设置。

Chapter 7

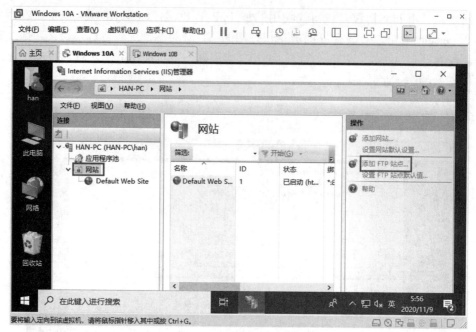

图 7-35　创建 FTP 站点

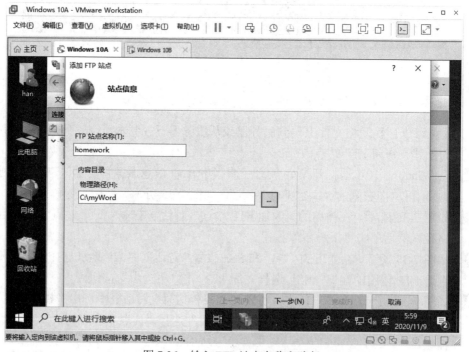

图 7-36　输入 FTP 站点名称和路径

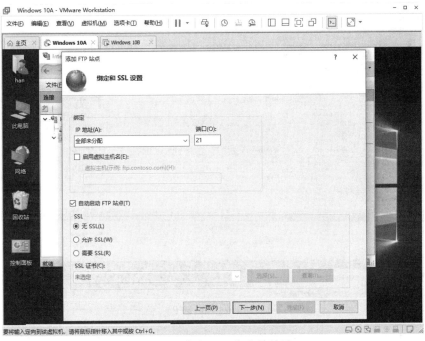

图 7-37　指定 FTP 绑定的地址

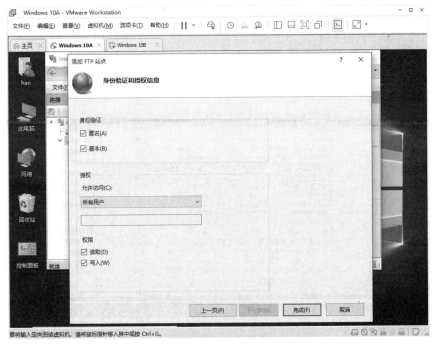

图 7-38　指定身份验证和授权信息

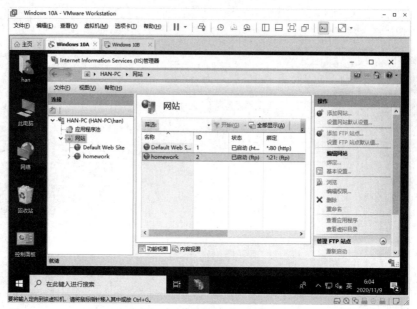

图 7-39　创建的 FTP 站点

配置好了 FTP 服务器，需要配置防火墙入站规则，启用 FTP 规则。打开"运行"对话框，输入 wf.msc 打开防火墙管理工具，启用 FTP 服务器被动（FTP 被动流量入站）和 FTP 服务器（FTP 流入入站）两个规则，如图 7-40 所示。

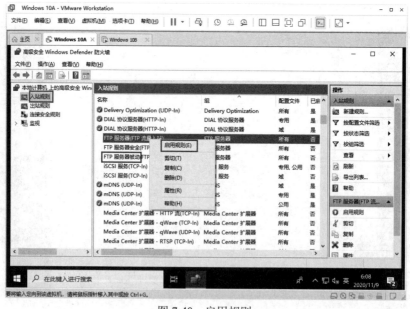

图 7-40　启用规则

在 Windows 10B 虚拟机上打开"资源管理器"窗口，输入 ftp://192.168.10.200 即可访问 FTP 服务器，通过拖曳就可以将本地文件上传或者下载到本地，如图 7-41 所示。

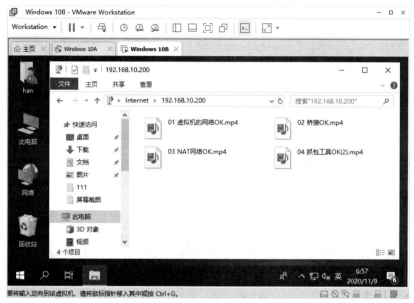

图 7-41　访问 FTP 服务器

7.2.4　Telnet 服务

使用 Telnet 命令可以连接网络设备，如思科路由器和交换机，进行配置。但是在 Windows 10 中默认 Telnet 命令不可用，需要安装 Telnet 客户端才能使用，不能安装 Telnet 服务器，可以在 Windows 7 中安装 Telnet 服务器。

如果打算在 Windows 10 虚拟机中使用 Telnet 命令远程配置 Windows 7 虚拟机，则需要在 Windows 7 虚拟机上安装 Telnet 服务器，在 Windows 10 虚拟机上安装 Telnet 客户端。

Step 1 如图 7-42 所示，查看 Telnet 服务是启用状态。

Step 2 如图 7-43 所示，打开"高级安全 Windows 防火墙"窗口，选中"入站规则"，确认 "Telnet 服务器"规则为启用状态。

Step 3 在 Windows 10 虚拟机上输入 telnet 192.168.10.69 并回车，出现提示，输入"是"并 回车，输入 Windows 7 计算机上的管理员账户和密码，注意密码不回显任何信息， 如图 7-44 所示。

登录成功后，执行的一切命令都是在 Windows 10 上执行的，比如输入 net user 可以查看 Windows 7 计算机上的用户，输入 ipconfig 可以看到 Windows 7 计算机的 IP 地址，输入 shutdown /p 可以将 Windows 7 关机，如图 7-45 所示，也就是说 Telnet 成功后执行的所有命令 都是在远程执行的。

Chapter 7

图 7-42 运行 Telnet 服务

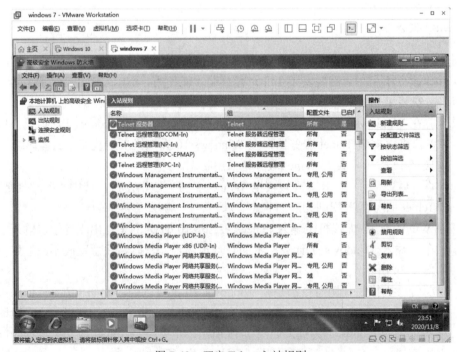

图 7-43 开启 Telnet 入站规则

7
Chapter

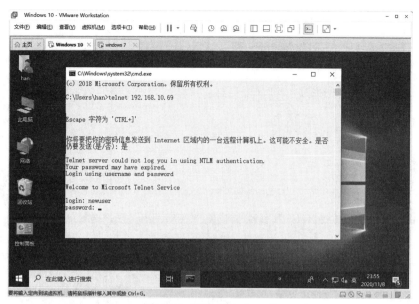

图 7-44   Telnet Windows 7

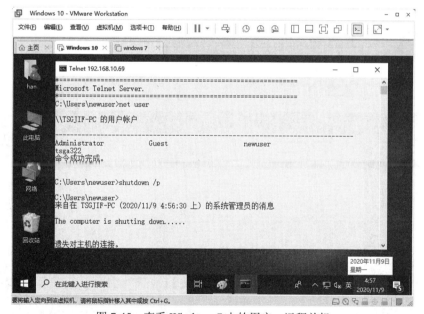

图 7-45   查看 Windows 7 上的用户、远程关机

Telnet 命令连接服务器默认使用 TCP 的 23 端口。也可以使用 Telnet 命令测试是否能够打开远程服务器的某个端口。比如打不开 www.91xueit.com 网站，则可以使用 telnet www.91xueit.com 80 测试是否能够访问该网站的 80 端口，如图 7-46 所示。

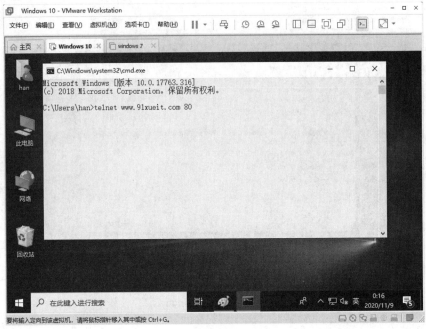

图 7-46　测试访问 80 端口

telnet 成功如图 7-47 所示，也就是不出现失败提示就是成功。

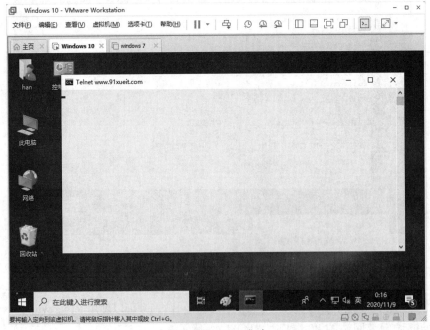

图 7-47　telnet 成功

如图 7-48 所示，telnet www.91xueit.com 25 测试是否访问该服务器的 25 端口，该网站没有安装 SMTP 服务，所以没有打开 TCP 的 25 端口，telnet 失败。

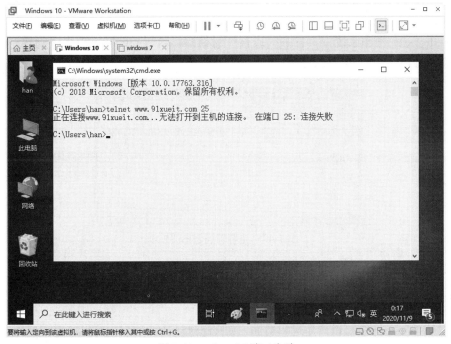

图 7-48   telnet 25 端口失败

7.3   注册表

注册表是 Windows 操作系统中的一个核心数据库，其中存放着各种参数，直接控制着 Windows 的启动、硬件驱动程序的装载和一些 Windows 应用程序的运行，从而在整个系统中起着核心作用。这些作用包括了软硬件的相关配置和状态信息，比如注册表中保存有应用程序和资源管理器外壳的初始条件、首选项和卸载数据等，联网计算机的整个系统的设置和各种许可，文件扩展名与应用程序的关联，硬件部件的描述、状态和属性，性能记录和其他底层的系统状态信息，以及其他数据等。

两个重要的分支如下：

● 用户个人数据[HKEY_CURRENT_USER]：该分支中存放的是当前登录用户的个人个性化喜好设置、所用的软件的设置等个人数据。无论来宾、受限用户、高级用户还是管理员，都可以修改属于自己个人的注册表数据。用户个人的注册表数据就是"注册表编辑器"左侧窗格[HKEY_CURRENT_USER]主键下所包含的各子项和值项。

- 系统的核心数据[HKEY_LOCAL_MACHINE]：只有管理员权限的用户才可以访问系统注册表数据，其中存放了系统中各项重要的核心设置数据。系统的注册表数据就是"注册表编辑器"左侧窗格显示的[HKEY_LOCAL_MACHINE]所包含的项、子项和值项。

在 Windows 10 操作系统中，打开"运行"对话框，输入 regedit，单击"确定"按钮打开注册表编辑工具，如图 7-49 所示。

图 7-49　注册表编辑器界面

下面演示如何通过更改注册表来控制用户和计算机的行为。

7.3.1　更改注册表启用远程桌面

前面讲了 Windows 7 可以启用远程桌面，其实通过更改注册表也可以禁用和启用远程桌面。

Step 1　打开 HKEY_LOCAL_MACHINE\SYSTEM\CurrentControlSet\Control\Terminal Server，在右边的键值中找到 fDenyTSConnections，如图 7-50 所示，右键单击 fDenyTSConnections 并选择"修改"选项。

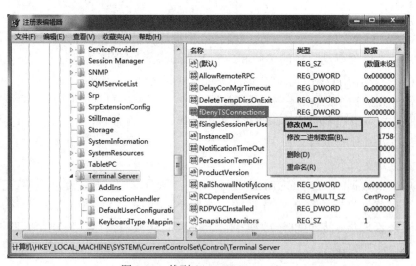

图 7-50　找到 fDenyTSConnections

Step 2 如图 7-51 所示，在弹出的"编辑 DWORD（32 位）值"对话框中将"数值数据"设置为 0，单击"确定"按钮。更改键值来控制计算机是否开启远程桌面，当该键值是 0 时，则开启了远程桌面，1 则禁用远程桌面。

图 7-51　启用远程桌面

7.3.2　更改远程桌面端口

启用远程桌面的计算机会打开 TCP 的 3389 端口侦听客户端的请求，网络中有些攻击者会使用端口扫描软件扫描计算机打开的端口，如果发现你的计算机打开了 3389 端口，他们就可以使用 mstsc 连接你的计算机，猜登录密码。如图 7-52 所示，在命令提示符下输入 netstat -an，可以看到远程桌面服务使用 TCP 的 3389 端口侦听客户端的请求。

图 7-52　远程桌面默认端口

可以更改注册表，将远程桌面使用的端口改为其他端口，这样攻击者就不知道你的计算机开启了远程桌面了。

Step 1 在 regedit 中打开 HKEY_LOCAL_MACHINE\SYSTEM\CurrentControlSet\Control\Terminal Server\WinStations\RDP-Tcp，找到 PortNubmer，如图 7-53 所示。

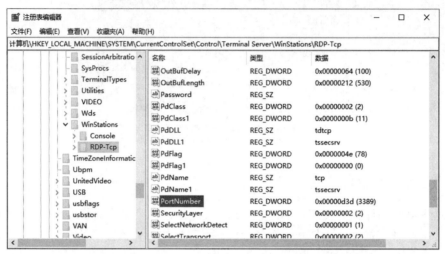

图 7-53　找到远程桌面默认端口界面

Step 2 如图 7-54 所示，双击该键值，弹出"编辑 DWORD（32 位）值"对话框，选择"十进制"，"数值数据"输入 4000，单击"确定"按钮。

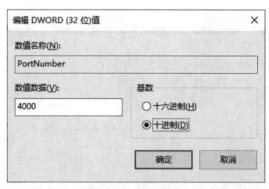

图 7-54　修改端口

Step 3 设置完成后重启计算机，或重新禁用启用一下远程桌面服务，再次查看侦听的端口，可以看到 3389 端口改成了 4000，如图 7-55 所示。

Step 4 由于远程桌面使用了一个非默认端口，默认规则没有，因此需要在防火墙中创建入站规则。打开"高级安全 Windows Defender 防火墙"窗口，右键单击"入站规则"并选择"新建规则"选项，如图 7-56 所示。

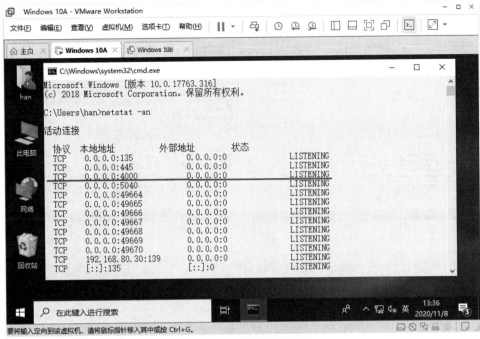

图 7-55　远程登录计算机

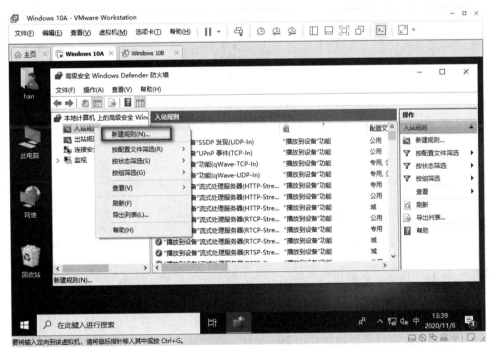

图 7-56　新建规则

Step 5 如图 7-57 所示，在弹出的"规则类型"对话框中选择"端口"，单击"下一步"按钮；如图 7-58 所示，在弹出的"协议和端口"对话框中选择 TCP 协议，端口选择"特定本地端口"，输入 4000，单击"下一步"按钮。

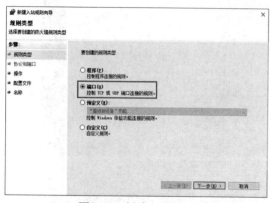

图 7-57　创建入站规则　　　　　　图 7-58　指定协议和端口

Step 6 如图 7-59 所示，在弹出的"操作"对话框中选择"允许连接"，单击"下一步"按钮；如图 7-60 所示，在弹出的"配置文件"对话框中选择"域""专用"和"公用"，单击"下一步"按钮。

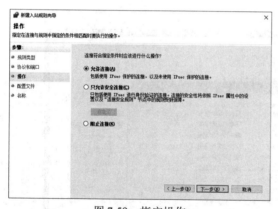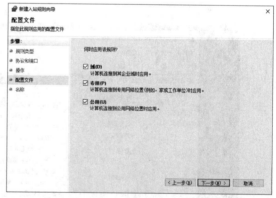

图 7-59　指定操作　　　　　　图 7-60　指定适用配置文件

Step 7 如图 7-61 所示，在弹出的"名称"对话框中输入名称，单击"完成"按钮；如图 7-62 所示，在 Windows 10B 虚拟机上使用远程桌面客户端连接时输入 IP 地址还需要在后面输入冒号加 4000，指定使用的端口。很多服务都可以不使用默认端口，客户端连接时必须使用冒号加端口号指明使用什么端口连接服务器。

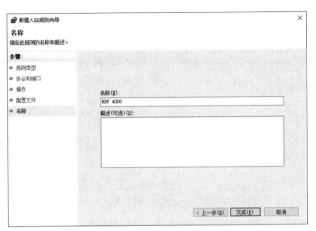

图 7-61　指定规则名称

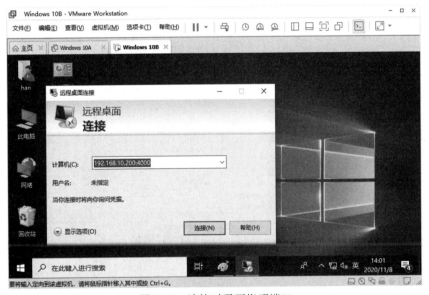

图 7-62　连接时需要指明端口

7.3.3　注册表更改 MAC 地址

Windows 注册表记录了 Windows 的设置，比如计算机的 IP 地址、子网掩码和网关、DNS 等设置都记录在注册表中。计算机的网卡出厂时就有全球唯一的 MAC 地址也就是物理地址，你可以让你的计算机不使用网卡硬件上的 MAC 地址，而使用你指定的 MAC 地址。

有些单位设置交换机端口安全，只允许指定的 MAC 地址网卡接入指定的端口，这时候想把一台新笔记本电脑接入网络，则可以指定网卡使用你以前笔记本电脑的 MAC 地址。

Step 1　在命令提示符下输入 ipconfig /all，可以看到 MAC 地址，如图 7-63 所示。

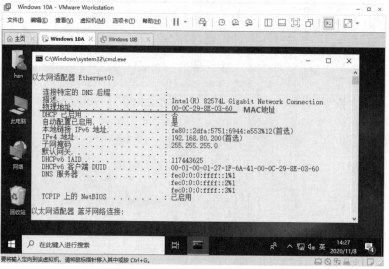

图 7-63　查看网卡的物理地址

Step 2　更改网卡使用的 MAC 地址，如图 7-64 所示，打开"Ethernet0 状态"对话框，单击"属性"按钮，在弹出的"Ethernet0 属性"对话框中单击"配置"按钮。

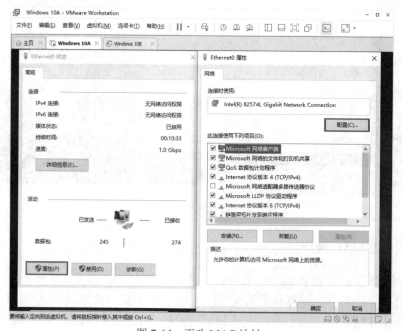

图 7-64　更改 MAC 地址

Step 3　如图 7-65 所示，在弹出的"属性"对话框的"高级"选项卡中，在"属性"列表框中选中"本地管理的地址"，在"值"文本框中输入新的 MAC 地址，单击"确定"按钮。

图 7-65　指定 MAC 地址

Step 4 如图 7-66 所示，再次输入 ipconfig /all，可以看到网卡使用的 MAC 地址已经是新的 MAC 地址。刚才设置的 MAC 地址保存在注册表中，你可以搜索注册表找到存储 MAC 地址的键值。

图 7-66　查看新 MAC 地址

Step 5 打开"注册表编辑器"窗口，如图 7-67 所示，右键单击 HKEY_LOCAL_MACHINE 并选择"查找"选项，在弹出的"查找"对话框中输入新的 MAC 地址（注意格式），然后单击"查找下一个"按钮。注意一定要选中 HKEY_LOCAL_MACHINE，这就意味着要搜索该键下面的全部内容。

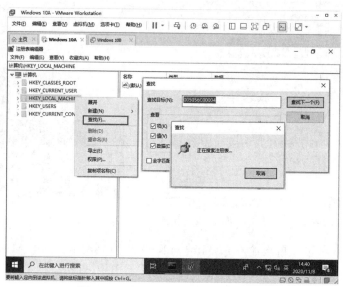

图 7-67　搜索注册表查找 MAC 地址

Step 6 如图 7-68 所示，搜索完毕，就可以看到有 NetworkAddress 键，记录了 MAC 地址。

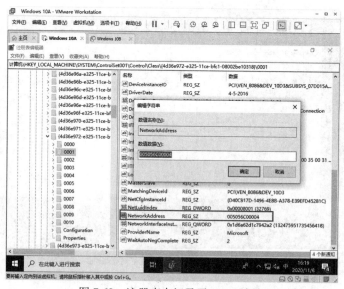

图 7-68　注册表中记录了 MAC 地址

7
Chapter

通过刚才的一番演示知道了系统的一些设置保存在注册表中，当然也可以搜索一下你的计算机的 IP 地址、DNS 等，这些设置也存储在注册表中。

7.3.4 注册表保存用户设置

每个用户都可以设置自己的工作环境，比如浏览器首页、使用的代理服务器等设置都保存在注册表中，当前用户的设置保存在[HKEY_CURRENT_USER]主键。下面演示如何将用户的配置保存在注册表中。

Step 1   如图 7-69 所示，打开 IE 浏览器，单击"工具"图标→"Internet 选项"命令。

图 7-69   打开 Internet 选项

Step 2   如图 7-70 所示，弹出"Internet 选项"对话框，在"常规"选项卡中可以输入多个主页；如图 7-71 所示，在"连接"选项卡中单击"局域网设置"按钮。

Step 3   如图 7-72 所示，在弹出的"局域网（LAN）设置"对话框中选中"为 LAN 使用代理服务器"复选项，输入代理服务器地址和端口号。

Step 4   如图 7-73 所示，打开"注册表编辑器"窗口，右键单击 HKEY_CURRENT_USER 并选择"查找"选项，在弹出的"查找"对话框中输入 www.91xueit.com，单击"查找下一个"按钮。

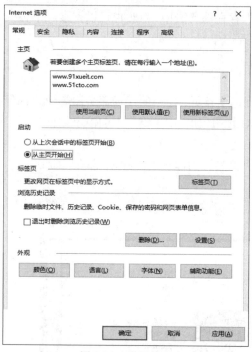

图 7-70　设置首页

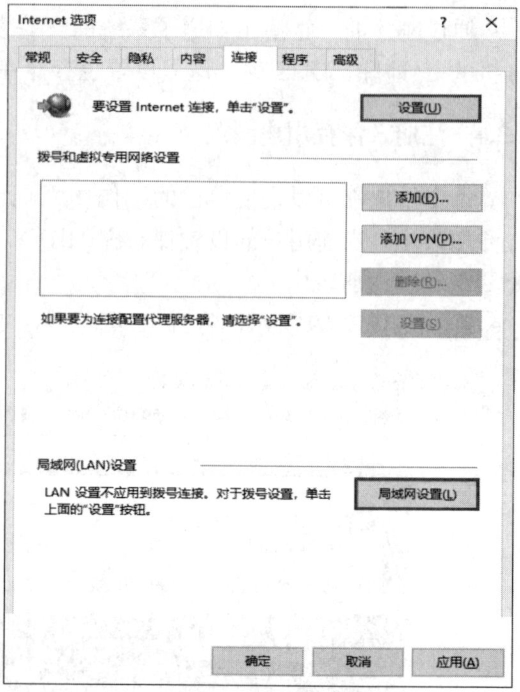

图 7-71　设置代理服务

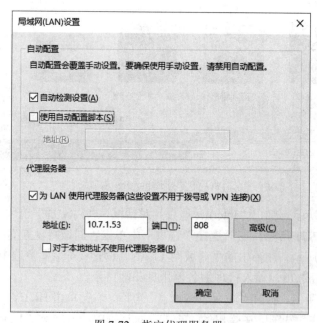

图 7-72　指定代理服务器

图 7-73　查找首页保存位置

Step 5　如图 7-74 所示，可以看到设置的主页保存在注册表中，同样搜索 10.7.1.53 也可以搜到设置的代理服务器存放的位置。

图 7-74　查看首页存储位置

上面的演示说明注册表可以为每一个用户保存自己的设置。

7.3.5　注册表的导入/导出

前面演示了通过注册表编辑器 regedit 编辑注册表，也可以通过将注册表导出导入的方式保存和导入注册表设置。

Step 1　如图 7-75 所示，右键单击注册表 HKEY_LOCAL_MACHINE\SYSTEM\CurrentControlSet001\Control\Terminal Server 并选择"导出"选项，指定文件名，单击"保存"按钮。

图 7-75 导出注册表

 注释：找到包含管理远程桌面 DWORD 值的文件夹导出即可，不能导出单个的文件。

Step 2 在桌面上找到导出的后缀为.reg 的文件，右键单击并选择"打开方式"→"记事本"，将多余的内容删掉，只留下图 7-76 中的内容，然后保存并退出。这样导入注册表，就会更改 fDenyTSConnections 键值，当然也可以根据需要保留多个值。

图 7-76 编辑导出的注册表文件

Step 3 如图 7-77 所示，右键单击注册表文件并选择"合并"选项，即可将记事本文件指定的注册表导入计算机，也就是用记事本中的值覆盖现有注册表中相应位置的值，在弹出的"注册表编辑器"对话框中单击"是"按钮，导入成功。

导入之后再看，已经启用了远程桌面。

如图 7-78 所示，也可以创建批处理（bat）文件，内容输入 regedit /s ts.reg，保存，双击使用该 bat 文件即可导入同一目录下的 ts.reg 文件。要想通过批处理导入注册表，一定要将"用户账户控制"级别设置到最低，重启系统才可以，否则导入失败。

图 7-77　导入注册表

图 7-78　批处理导入注册表

7.4　系统配置工具 msconfig

msconfig 即系统配置实用程序，是 Microsoft System Configuration 的缩写。

Step 1　如图 7-79 所示，在物理机上打开"运行"对话框，输入 msconfig，单击"确定"按钮即可打开系统配置工具。

Step 2 如图 7-80 所示，弹出"系统配置"对话框，在"服务"选项卡中选中"隐藏所有 Microsoft 服务"复选项，可以看到后来安装的服务，可以只留下杀毒软件的服务，把没有用的服务取消选择，然后单击"应用"按钮，这样你的计算机开机就不启动这些服务了，提高了开机速度。

图 7-79　打开系统配置工具　　　　　　图 7-80　禁用服务

Step 3 如图 7-81 所示，在"启动"选项卡中可以看到"若要管理启动项，请使用任务管理器的'启动'部分"。打开资源管理器后，可以看到启动项目，用户登录后会自动运行这些程序。为了让你的计算机运行得更快，可以只保留必要的启动项。

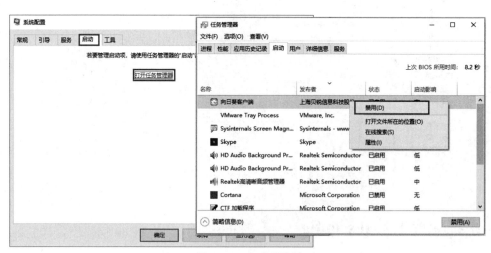

图 7-81　启动项设置

第 **8** 章
常见软件的使用

本章会介绍一些常见软件的使用。

当不小心删除了重要数据时，不要做写入操作，还可以使用数据恢复软件将删除的文件恢复出来。也可以将一些文件或软件制作成 ISO 映像文件，以后就可以使用虚拟光驱加载映像文件读取其中的内容。

对于一些保密文件可以进行加密压缩，对于特别大的文件可以进行分段压缩，这样就可以压缩成多个文件，方便通过网络传输，这些分段压缩的文件可以进行统一解压。

一些重要的数据库可以使用百度网盘进行备份，这样你就不用担心硬盘坏了或笔记本电脑丢了而造成数据丢失的问题。

主要内容

- 使用 PowerISO 制作映像文件
- 使用 PowerISO 打开映像文件
- 压缩软件实现分段压缩、加密压缩
- 使用软件对永久删除数据进行恢复
- 使用百度云实现重要数据备份

8.1 使用 PowerISO 制作映像文件

PowerISO 是一款功能强大的 CD/DVD 映像文件处理软件，它可以创建、编辑、展开、压缩、加密、分割映像文件，并使用自带的虚拟光驱加载映像文件。PowerISO 使用方便，支持 Shell 集成、剪贴板和拖放操作。PowerISO 支持 ISO、BIN、NRG、IMG 等几乎所有常见的映像文件。

8.1.1　安装 PowerISO

以下示例的软件版本是 4.7，安装过程如下。

Step 1　如图 8-1 所示，选择安装目录，然后单击 Install 按钮。

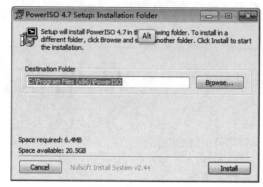

图 8-1　安装 PowerISO

Step 2　如图 8-2 所示，在弹出的 PowerISO 4.7 Setup:Options 对话框中选中关联的文件类型，然后单击 Close 按钮。

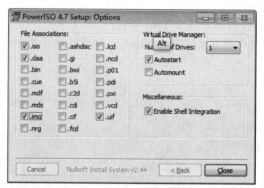

图 8-2　指定关联的文件类型

Step 3　如图 8-3 所示，安装完成后弹出重启提示对话框，单击"确定"按钮重启计算机。

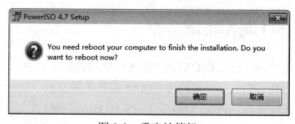

图 8-3　重启计算机

8.1.2　制作映像文件

可以将硬盘上的一些文件放到一起制作成 ISO 映像文件。

Step 1　如图 8-4 所示，单击"开始"→"所有程序"→PowerISO→PowerISO，该软件是制作映像文件的软件，第一次使用需要注册或输入序列号，在弹出的激活对话框中单击"输入序列号"按钮，如图 8-5 所示。

图 8-4　打开 PowerISO

图 8-5　输入序列号

Step 2　如图 8-6 所示，弹出"注册"对话框，输入用户名和序列号，然后单击"确定"按钮。

图 8-6　"注册"对话框

Step 3　如图 8-7 所示，打开 PowerISO，将需要制作成映像的文件和文件夹直接拖曳进去，添加完成后单击"保存"按钮。

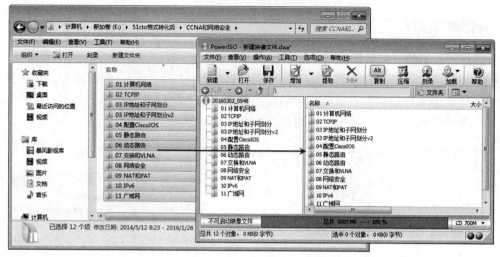

图 8-7　添加文件制作 ISO

Step 4　如图 8-8 所示，在弹出的"另存为"对话框中选定保存的位置、保存的文件类型，指定文件名，然后单击"保存"按钮。

图 8-8　保存成映像文件

如图 8-9 所示，可以看到保存的进度；如图 8-10 所示，保存完成后可以看到保存的映像文件。

图 8-9　保存进度

图 8-10　保存的映像文件

8.1.3　将光盘制作成映像文件

使用光驱读取光盘内容很不方便，并且光盘容易出现划痕，就有可能不能读取其中的内容。最好的办法就是将光盘复制成映像文件保存在硬盘上，需要读取时使用虚拟光驱就可以加载映像文件。下面演示如何将光盘中的内容制作成映像文件。

Step 1　如图 8-11 所示，打开 PowerISO 软件，单击"复制"按钮。

图 8-11　制作映像文件

Step 2　如图 8-12 所示，在弹出的"制作 CD/DVD-ROM 映像文件"对话框中选择光驱，"目的文件"选择".ISO 文件"，指定保存生成的映像文件的名称和路径，然后单击"确定"按钮。

图 8-12　生成 ISO 文件

8.1.4　加载映像文件

现在微软的操作系统以及 Linux 操作系统的安装盘都只做成映像文件，使用映像文件可以在虚拟机中直接加载，给虚拟机安装操作系统。给计算机安装虚拟光驱软件就可以将映像文件加载到虚拟光驱，不访问的时候可以从虚拟光驱中卸载映像文件。

Step 1 如图 8-13 所示，单击"开始"→"所有程序"→PowerISO→PowerISO Virtual Drive Manager 打开虚拟光驱软件。

Step 2 如图 8-14 所示，右键单击 并选择"设置虚拟光驱个数"→"1 个虚拟光驱"选项，如果需要同时加载多个映像文件，则可以设置多个光驱。

图 8-13　打开虚拟光驱软件

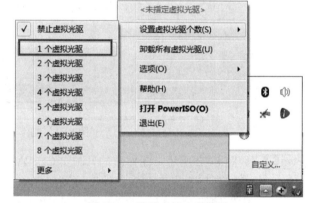

图 8-14　设置虚拟光驱数量

Step 3 如图 8-15 所示，右键单击 并选择"加载映像文件到驱动器"选项。

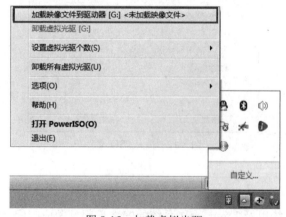

图 8-15　加载虚拟光驱

Step 4 如图 8-16 所示，在弹出的"打开"对话框中选中要加载的映像文件，然后单击"打开"按钮。

图 8-16　加载映像文件

Step 5 如图 8-17 所示，打开计算机可以看到加载了映像的虚拟光驱，双击就能打开，就可以像使用物理光驱一样访问虚拟光驱了。

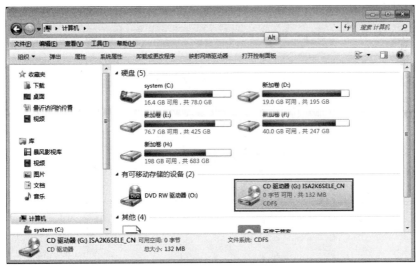

图 8-17　加载了映像的虚拟光驱

8.1.5　刻录光盘

从微软站点下载了 Windows 7 操作系统的映像文件，现在需要在一台计算机上安装操作系统，需要将该映像文件刻录到光盘，以便使用光盘安装操作系统。使用 PowerISO 可以实现该功能，即将映像文件刻录到光盘。

Step 1 如图 8-18 所示，单击"开始"→"所有程序"→PowerISO→PowerISO，再单击"刻录"按钮。

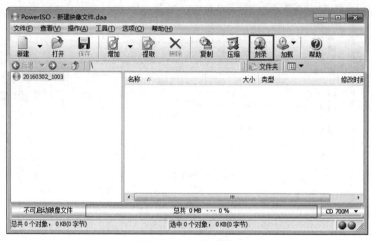

图 8-18　刻录光盘

Step 2 如图 8-19 所示，在弹出的"刻录光盘映像文件"对话框中浏览到要刻录的映像文件，选择要刻录到的光驱，然后单击"刻录"按钮。

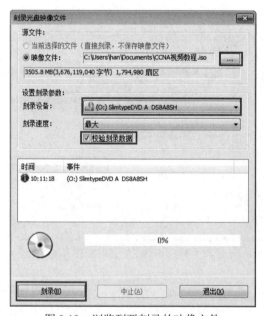

图 8-19　浏览到要刻录的映像文件

当然也可以将计算机上的文件刻录到光盘，而不用先制作成映像文件。

8.2 文件压缩

将文件压缩可以节省存储空间，或者通过网络传输文件之前，为了节省带宽，也可以先进行压缩。下面就介绍如何使用 RAR 软件对磁盘中的文件进行压缩。

8.2.1 常规压缩

现在流行的压缩软件有很多，如 WinRAR、2345 好压、KuaiZIP 等，本节使用 WinRAR 介绍如何对文件进行加密压缩、如何在文件过大时进行分段压缩等内容。

Step 1 如图 8-20 所示，选中要压缩的文件，右键单击并选择"Add to 'CCNA 视频教程.rar'"选项，这是正常压缩。

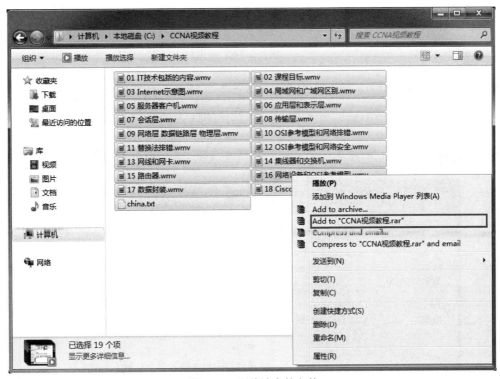

图 8-20 压缩选中的文件

Step 2 如图 8-21 所示，可以看到压缩进度，同时生成压缩后的文件。对比压缩文件大小和非压缩文件大小，看看节省了多少空间。

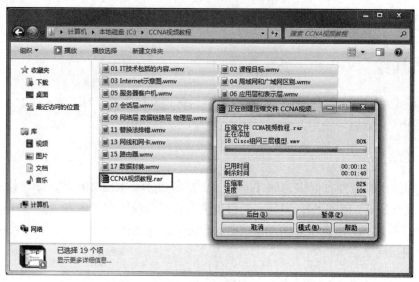

图 8-21　压缩进度

8.2.2　分卷压缩

有些网站上传文件有大小限制，你可以将这些文件进行分卷压缩，压缩后生成多个文件，解压时需要将这些文件凑齐了一起解压。下面介绍如何实现分卷压缩，并且每个压缩文件50MB。

Step 1　如图 8-22 所示，右键单击要压缩的文件并选择"Add to archive"选项。

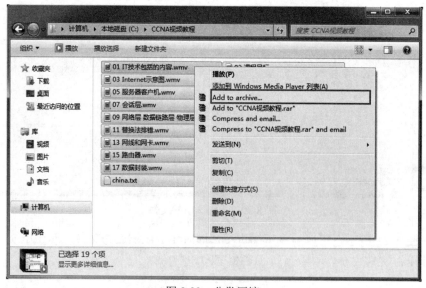

图 8-22　分卷压缩

Step 2　如图 8-23 所示，弹出"压缩文件名和参数"对话框，在"常规"选项卡中指定分卷大小，指定 50MB 一个分卷，然后单击"确定"按钮。

图 8-23　指定分卷大小

如图 8-24 所示，压缩完成后可以看到生成了 4 个压缩文件，解压时这 4 个文件缺一不可。

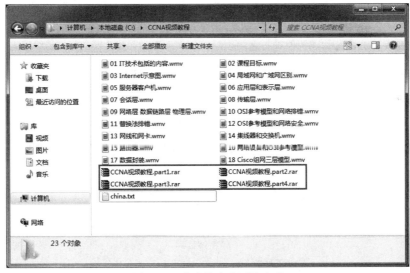

图 8-24　生成的多个压缩文件

8.2.3　加密压缩

有些机密文件可以加密压缩，如果不知道密码就没有办法解压，加密压缩可以达到数据安全的目的。比如，我给学生上课，计算机上有些病毒或木马程序需要给学生做演示，但这些病毒、木马经常被计算机上的杀毒软件删除，我就将这些病毒、木马软件加密压缩，这样杀毒软件就不知道是病毒和木马了。

Step 1 选中要加密压缩的文件，右键单击并选择"Add to archive"选项，弹出"压缩文件名和参数"对话框，在"高级"选项卡中单击"设置密码"按钮，如图 8-25 所示。

Step 2 如图 8-26 所示，在弹出的"输入密码"对话框中选中"显示密码"和"加密文件名"复选项，输入密码，然后单击"确定"按钮。

图 8-25　设置压缩密码

图 8-26　指定压缩密码

Step 3 如图 8-27 所示，压缩完成后，要想解压，弹出"输入密码"对话框，只有输入正确的密码才能解压文件。

图 8-27　输入密码解压

8.3　硬盘数据恢复软件

　　删除文件的时候有两种方式：一种是删除文件到回收站中；另一种是彻底删除文件。如果是误删，则前者还能在回收站中还原误删文件，后者则需要第三方软件帮助找回误删文件。

　　为了让大家明白数据恢复软件的原理，先简单讲述文件在硬盘中是如何存储的：硬盘中有分区信息表（主引导记录）、文件分配表、数据区（存储文件中的数据），其中文件分配表记录着每一个文件的属性、大小和在数据区中的位置。

　　当进行删除文件操作的时候，只是在文件分配表上给该文件标记"删除"，表示这个文件所占用的空间已"释放"，但是该文件中的数据还是在数据区中的，这个时候可以通过软件将"删除"标记去掉，这样就可以找回这个文件了，前提是在删除该文件后没有添加其他的文件来占用被删除文件的空间。

　　格式化操作是在文件分配表上对该分区上所有的文件都标记"删除"，这时候系统会认为该分区上是不存在内容的，但是每个文件的数据都存储在数据区，想要恢复格式化后的数据使用相应的工具即可（并不是格式化后的分区都能使用工具找回数据，因此不要轻易格式化）。

　　还有两点需要大家注意：第一，如果删除了 D 盘中的多个文件，使用软件恢复被删除的文件时不要将文件恢复到 D 盘，因为在恢复文件的时候可能会占用其他未被恢复的文件的磁盘空间；第二，如果大家想要恢复 D 盘中被删除的文件，那么就不要将恢复软件安装在 D 盘中，这是因为恢复软件安装到 D 盘很有可能将已删除的文件覆盖，那样就不能恢复了。总而言之，若想恢复被删除磁盘中的数据，最好在删除后不要再在该盘中写入新的数据。

8.3.1　彻底删除后的数据恢复

　　删除文件时，按住 Shift 键删除，则是彻底删除。如果发现删除了重要数据则不要对该分区做任何写入操作，立即安装数据恢复软件，还可以将删除的文件找回来，恢复到其他分区。下面演示在 Windows 7 虚拟机中使用"易我数据恢复"软件找回彻底删除的数据。

Step 1　如图 8-28 所示，在虚拟机中选中 E 盘 backup 文件夹中的三个文件，按住 Shift 键，再按 Delete 键，将这三个文件彻底删除。

Step 2　如图 8-29 所示，安装"易我数据恢复"软件，会出现一个对话框，让你选择该软件的安装路径，单击"下一步"按钮。如图 8-30 所示，在"警告"对话框中提示不要将该软件安装在要恢复数据的分区，有可能覆盖删除的文件，单击"是"按钮完成安装。

Step 3　如图 8-31 所示，运行"易我数据恢复"软件，可以看到是未注册状态，单击"注册"按钮。

图 8-28　彻底删除

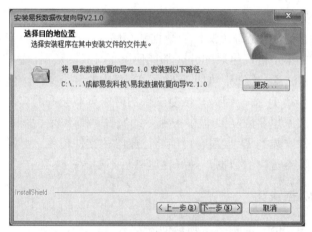

图 8-29　选择安装路径

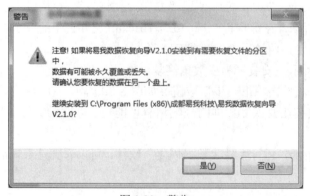

图 8-30　警告

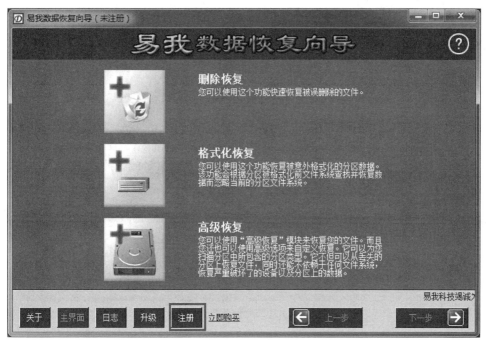

图 8-31 "易我数据恢复"软件安装

Step 4 如图 8-32 所示，在弹出的"注册易我数据恢复向导"界面中输入注册名和注册码，然后单击"确定"按钮。

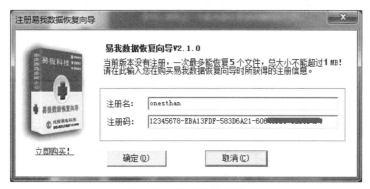

图 8-32 输入注册信息

Step 5 如图 8-33 所示，注册之后重新打开该软件，单击"删除恢复"。

Step 6 如图 8-34 所示，在弹出的"请选择您想恢复数据的设备"界面中选择 E 盘，然后单击"下一步"按钮。

Step 7 如图 8-35 所示，搜索完毕后单击"找到的文件"下的目录，也可以单击"最近删除的文件"，找到想要恢复的文件并将其勾选上，然后单击"下一步"按钮。

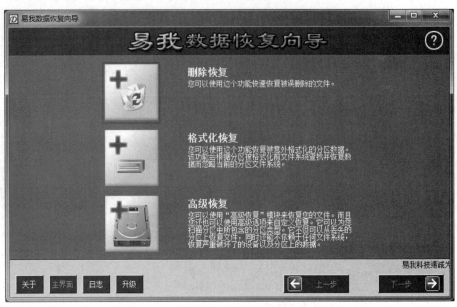

图 8-33　删除恢复

图 8-34　选择设备

 注释：丢失的文件是那些已经不能恢复的文件，只能找到文件名，其所在数据区的内容已经被覆盖。

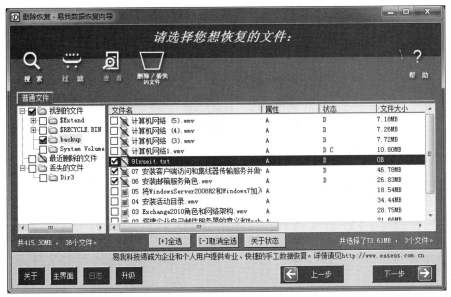

图 8-35　选择要恢复的文件

Step 8 如图 8-36 所示，选择想要恢复的文件存放的位置，千万不要恢复到 E 分区，如果路径不存在，会弹出提示对话框，单击"是"按钮可创建文件夹，然后单击"下一步"按钮。

图 8-36　指定恢复路径

Step 9 如图 8-37 所示，打开恢复的目录可以看到恢复出来的文件。

图 8-37　查看恢复的文件

8.3.2　粉碎文件

可以看到彻底删除的文件还能找回来，如果想彻底删除且不能使用数据恢复软件恢复，则要使用软件粉碎文件，粉碎文件不只是将文件标记为删除，而且使用 0 覆盖文件中的数据。

Step 1　如图 8-38 所示，从 360 网站下载安全卫士并安装，360 安全卫士有一个功能就是粉碎文件。

图 8-38　下载 360 安全卫士

Step 2 如图 8-39 所示，安装 360 安全卫士后右键单击文件，即可看到出现了"使用 360 强力删除"选项，就是粉碎文件。

图 8-39　强力删除

Step 3 如图 8-40 所示，在弹出的"文件粉碎机"对话框中选中"防止恢复"复选项，再单击"粉碎文件"按钮，弹出警告对话框提示将会彻底删除，单击"确定"按钮。

图 8-40　粉碎文件

再次使用数据恢复软件，看看是否还能恢复粉碎了的文件。

8.3.3 格式化恢复

如果格式化了分区，发现里面有重要的数据没有备份出来，则可以使用"易我数据恢复"软件恢复。下面就演示如何进行格式化恢复。

Step 1 如图 8-41 所示，右键单击 E 分区并选择"格式化"选项。

图 8-41 格式化分区

Step 2 如图 8-42 所示，在弹出的"格式化"对话框中选中"快速格式化"复选项，单击"开始"按钮，在弹出的警告对话框中单击"确定"按钮，如图 8-43 所示。

图 8-42 格式化参数

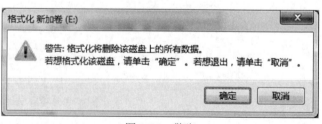

图 8-43 警告

Step 3 如图 8-44 所示，打开"易我数据恢复"软件，单击"高级恢复"，在这里不选择"格式化恢复"，选择"格式化恢复"有可能什么文件也找不到。

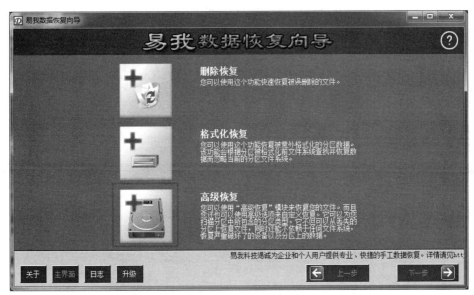

图 8-44　高级恢复

Step 4 如图 8-45 所示，在弹出的"请选择您想恢复数据的设备"界面中选中 E 分区，然后单击"下一步"按钮，高级恢复用的时间比较长。

图 8-45　选择分区

Step 5 如图 8-46 所示，搜索完毕后，在"RAW 文件"下可以看到搜索到的文件，但没有文件名了，选中这些文件，然后单击"下一步"按钮。

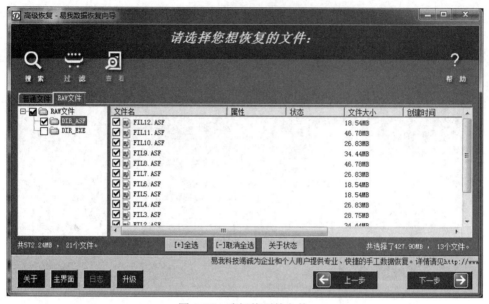

图 8-46 选择找到的文件

Step 6 如图 8-47 所示，选择要恢复文件的存储路径，然后单击"下一步"按钮。

图 8-47 指定恢复路径

Step 7 如图 8-48 所示，恢复完成后可以看到这些文件还能完整显示其内容，可以根据视频内容重命名文件名。

图 8-48 查看恢复的文件

8.4 百度云盘备份分享数据

百度云是百度公司推出的一项云存储服务，百度云个人版是百度面向个人用户的云服务，满足用户工作生活中的各类需求，已上线的产品包括网盘、个人主页、群组功能、通讯录、相册、人脸识别、文章、记事本、短信、手机找回。

刚申请的百度云账号默认只有 5GB 空间，如果想要免费扩容，则下载百度云手机版客户端，使用手机登录一次账号，然后在计算机上注销账号，最后再在计算机上登录百度账号扩容成 2TB。也可以在计算机中下载客户端，然后登录账号，将自己的重要数据上传到百度云即可实现数据备份。

8.4.1 上传下载数据

如图 8-49 所示，将本地数据上传到百度网盘很容易，打开百度云管家，将本地文件直接拖曳到百度云盘即可实现上传,将百度云盘中的文件直接拖曳到计算机即可实现下载,单击"传输列表"。

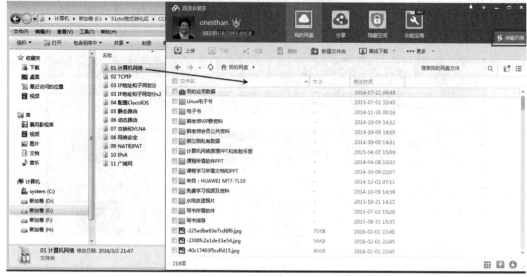

图 8-49　拖曳上传

如图 8-50 所示，可以看到正在上传、正在下载和传输完成的任务。

图 8-50　上传进度

若在百度云中不小心将文件误删了，则可以在回收站中找回，如图 8-51 所示，单击"功能宝箱"按钮，再单击"回收站"。

图 8-51　回收站

　　如图 8-52 所示，会自动打开浏览器，访问到自己的百度网盘，单击"回收站"，可以看到删除的内容，默认保存 10 天，如果打算恢复删除的内容，则选中后单击"还原"按钮。

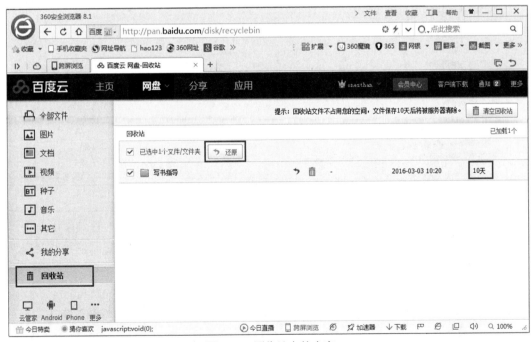

图 8-52　回收站中的内容

注释： 图 8-52 中的日期标志着是什么时候将该文件删除的，"10 天"代表该文件在回收站中只保留十天，十天之内删除的文件不被恢复就会被服务器清除。回收站中的文件不会占用百度云的空间。恢复后的文件还在原文件夹中。

8.4.2 分享数据

下面演示如何使用百度云盘分享资料。

Step 1 如图 8-53 所示，选中要分享的文件夹，单击"分享"按钮。

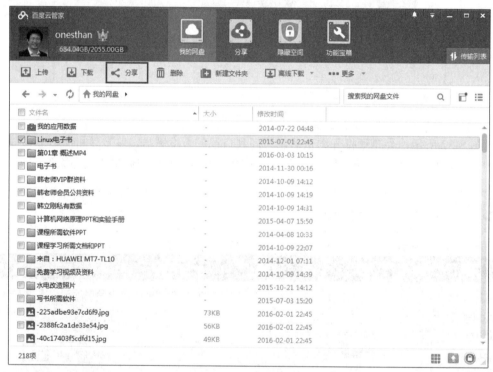

图 8-53 分享文件夹

Step 2 如图 8-54 所示，在弹出的"分享文件"界面中，在"私密分享"选项卡中单击"创建私密链接"按钮，如图 8-55 所示，出现链接和密码，单击"复制链接及密码"按钮即可拷贝给其他人。

 注释： 公开分享，用户单击链接可以直接访问到共享的文件夹，不需要密码。如果选择"私密分享"，则需要密码才能访问分享的文件。

图 8-54　私密分享

图 8-55　复制链接

Step 3 如图 8-56 所示，其他用户单击链接就进入了输入密码的界面，输入密码，单击"提取文件"按钮。

Step 4 如图 8-57 所示，可以看到分享的文件夹，如果你有百度云盘账户，则可以单击"保存至网盘"按钮，以后有时间再慢慢下载，也可以单击"下载"按钮立即下载。

图 8-56　输入提取密码

图 8-57　保存到自己的网盘或立即下载

第**9**章
远程控制

作为一个企业的网络管理员，你可能需要帮助其他人解决问题或远程管理你的服务器，使用远程控制软件，只要网络畅通，你就可以运筹帷幄决胜于千里之外，而不用亲临现场进行操作。

远程控制的软件，用来帮助别人解决问题。

远程控制软件很多，比如 QQ 远程协助，使用得最多，还有非常节省带宽能够跨 Internet 使用的远程控制软件 TeamViewer。

主要内容

- QQ 远程协助
- TeamViewer 远程协助
- TeamViewer 远程管理服务器

9.1　QQ 远程协助

远程协助最方便的方法就是 QQ 远程协助。只要两个人能够 QQ 聊天，就能远程操作对方的计算机。

我的 QQ 是 458717185，昵称"冬青"，现在就来演示我的学生请求远程协助的过程。

Step 1　如图 9-1 所示，有个学生正和我 QQ 聊天，如果打算边使用 QQ 语音聊天，边远程协助，则最好先单击对话窗口中的 🎤 图标发送通话邀请，因为一旦启用了远程协助就不能再开启语音聊天了。

图 9-1　发送通话邀请

Step 2　如图 9-2 所示，在我这里就能看到学生的语音通话请求，单击"接听"按钮。

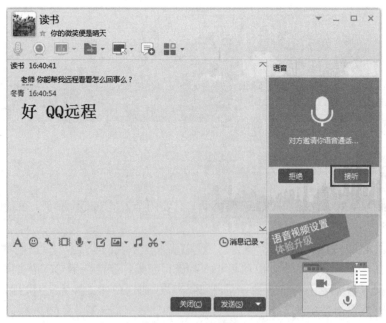

图 9-2　接受通话邀请

Step 3 建立语音通话后再请求远程协助，如图 9-3 所示，单击聊天对话窗口中的 🖥 图标并选择"邀请对方远程协助"。千万不要选择"请求控制对方电脑"，那样就成了学生要控制我的电脑了。

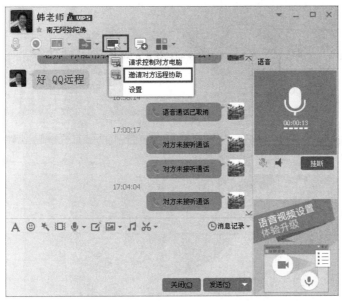

图 9-3　请求老师远程协助

Step 4 在我这里就能够看到远程控制的请求，如图 9-4 所示，单击"接受"按钮。

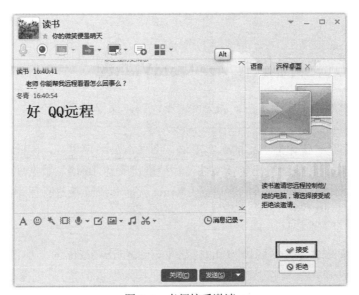

图 9-4　老师接受邀请

Step 5 建立连接后，就可以看到学生的桌面，并且可以操作对方的电脑。我们已经开启了
QQ 语音聊天，可以单击远程协助上的 [图标] 图标关闭远程协助的声音。现在就可以使
用 QQ 语音帮助学生远程协助解决问题了。如果带宽比较高则操作还是很流畅的，若
是带宽较低，远程协助的操作可能会比较卡。

图 9-5　操作学生桌面

9.2　穿透内网远程控制软件——TeamViewer

QQ 远程协助对网络带宽要求高，如果网速不流畅，操作起来比较卡，下面再介绍一款非
常节省带宽的专业的远程协助工具——TeamViewer。

TeamViewer 11 经过优化后占用的带宽更低，图像渲染效率更高，因此在给定带宽下可以
呈现更好的图像质量。其他优势还包括文件传输速度提升达 15 倍、数据使用率降低达 30%。

该工具软件只要两端的计算机能够访问 Internet 就能建立连接进行远程控制，相互传文件。

9.2.1　下载 TeamViewer 软件

TeamViewer 简体中文官网网址为 https://www.teamviewer.cn/cn/。如图 9-6 所示，找到
TeamViewer 完整版，单击"下载"按钮。对于临时需要技术支持的客户，则需要下载 TeamViewer
简单而小巧的客户模块，无需安装即可立即运行，不需要管理权限。

图 9-6　下载软件

9.2.2　远程技术支持

下面演示使用 TeamViewer 远程解决问题的过程。学生的计算机使用一个能够访问 Internet 的虚拟机 Windows7A 来充当，在该计算机上运行 TeamViewerQS_zhcn.exe，该软件是绿色免安装软件。

Step 1　如图 9-7 所示，在"用户账户控制"对话框中单击"是"按钮。

Step 2　运行后，只要能够连接 Internet 就会自动生成 ID 和密码，如图 9-8 所示，该软件每次运行 ID 不变，但每次运行该软件都会生成一个新密码。把 ID 和密码告诉老师，老师就可以输入 ID 和密码远程连接到该计算机。

Step 3　在教师的计算机上安装 TeamViewer_Setup_zhcn.exe，如图 9-9 所示，安装过程中有个界面，选择"个人/非商务用途"单选项，然后单击"接受-完成"按钮完成安装。选择"个人/非商业用途"就可以免费使用。

Step 4　安装后运行，如图 9-10 所示，选择"远程控制"，输入学生端的 ID，再单击"连接到伙伴"按钮。

Step 5　如图 9-11 所示，在弹出的"TeamViewer 验证"对话框中输入密码，然后单击"登录"按钮。

图 9-7　运行 TeamViewerQS_zhcn

图 9-8　生成 ID 和密码

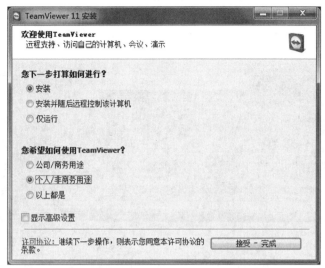

图 9-9　安装 TeamViewer 完整版

图 9-10　连接远程计算机

图 9-11　输入密码

Step 6 如图 9-12 所示，远程连接成功后就可以远程查看和操作学生的计算机了。为了节省带宽，屏幕颜色调整成黑色，操作起来非常流畅。

图 9-12　远程协助

9.2.3　传输文件到远程

在帮助学生或客户解决问题时，经常需要将本地计算机上的一些软件拷贝到远程计算机上，TeamViewer 为传输文件提供了方便，如图 9-13 所示，单击"文件与其他"→"打开文件传送"。

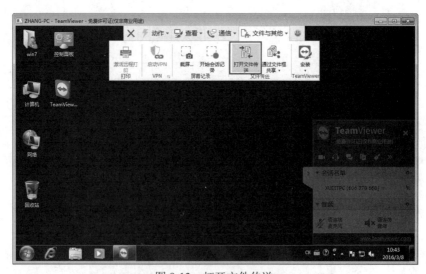

图 9-13　打开文件传送

如图 9-14 所示，在弹出的"文件传送至"对话框中浏览到本地文件，选中要传送的文件，远程计算机也要浏览到要接收文件的目录，单击"发送"按钮开始传输。该工具也可以从远程下载文件到本地。

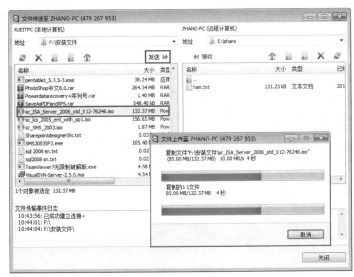

图 9-14　传送文件到远程计算机

9.2.4　高级功能

远程控制工具功能强大，如图 9-15 所示，单击"动作"标签，可以看到有"结束会话""锁定"和"重启"按钮，还有"发送 Ctrl+Alt+Del"组合键的按钮。

图 9-15　"动作"标签

如图 9-16 所示，在"查看"标签下可以看到和屏幕分辨率有关的一些设置，可以全屏和退出全屏。

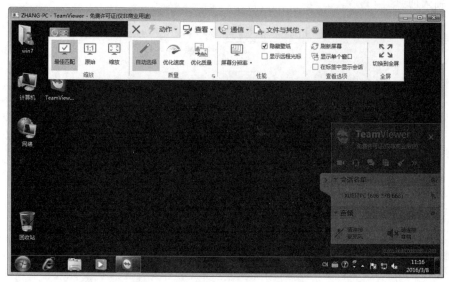

图 9-16 "查看"标签

如图 9-17 所示，在"通信"标签下设置"计算机发出声音"即可相互语音；选择"与伙伴互换角色"学生就可以控制老师的计算机；单击"聊天"按钮可以进行打字聊天；单击"视频"按钮可以与对方视频。

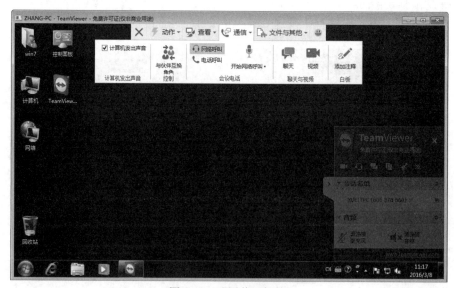

图 9-17 "通信"标签

如图 9-18 所示，在"文件与其他"标签下可以看到有"开始会话记录""截屏""打开文件传送"和"通过文件框共享"按钮。

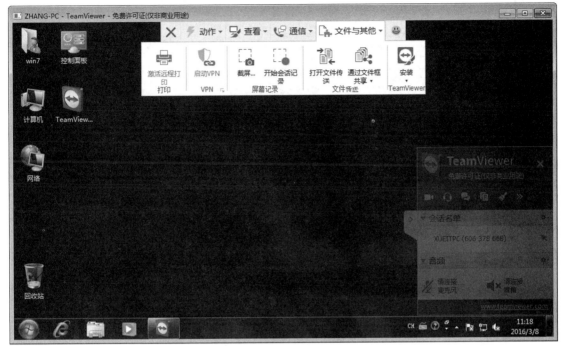

图 9-18　"文件与其他"标签

9.3　远程维护——全天候访问远程计算机和服务器

上面演示的是临时远程协助，直接使用 QQ 将 TeamViewerQS_zhcn.exe 软件传送给学生，让学生运行后用 QQ 截图给你 ID 和密码，你就可以使用管理端进行远程连接。

TeamViewer 可以用来远程协助，也可以用来远程管理服务器。无论你的服务器是私网地址还是公网地址，你的公网地址是静态地址还是动态地址，也无需你在路由器上做端口映射，使用 TeamViewer 都能够顺利连接到服务器进行远程管理。你再也无需担心防火墙、端口封堵或 NAT 路由，TeamViewer 每次都能顺利地连接到远程计算机。

9.3.1　下载服务器端软件

要想远程管理服务器需要在服务器上安装无人值守的服务器软件——TeamViewer Host，软件下载网址为 https://www.teamviewer.com/zhcn/download/windows.aspx，如图 9-19 所示。

图 9-19　下载 TeamViewer Host

9.3.2　在服务器上安装 TeamViewer Host

下载后在服务器上安装该软件，还是使用虚拟机 Windows 7A 作为服务器，在虚拟机上安装 TeamViewer Host。

Step 1　将下载的软件拷贝到虚拟机，如图 9-20 所示，双击运行安装程序，在出现的开始界面中选择"个人/非商务用途"单选项，然后单击"下一步"按钮。

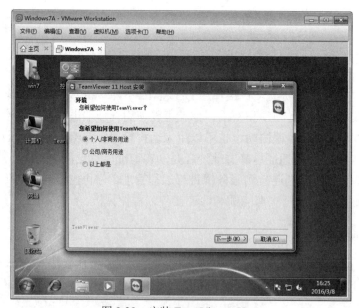

图 9-20　安装 TeamViewer Host

Step **2**   如图 9-21 所示，在弹出的"许可证协议"对话框中选中"我接受许可证协议中的条款"和"我同意仅将 TeamViewer 用于非商业用途及私人用途"复选项，然后单击"下一步"按钮。

图 9-21　许可协议

Step **3**   如图 9-22 所示，在弹出的"使用 TeamViewer 组件"对话框中单击"下一步"按钮。我们不需要"远程打印"功能和 VPN 功能。

图 9-22　选择组件

Step 4 如图 9-23 所示，在弹出的"选定安装位置"对话框中指定目标文件夹路径，然后单击"完成"按钮。

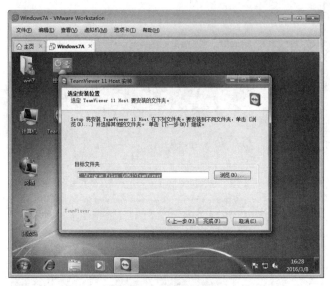

图 9-23　选择安装路径

Step 5 如图 9-24 所示，在弹出的"设置无人值守访问"对话框中单击"下一步"按钮。

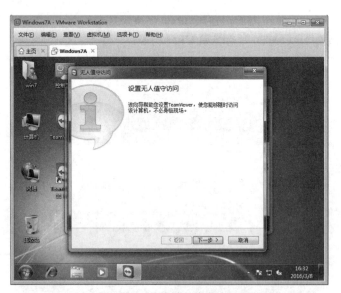

图 9-24　设置无人值守访问

Step 6 如图 9-25 所示，在弹出的"定义个人密码"对话框中输入计算机名称和密码，然后单击"下一步"按钮。

图 9-25　定义个人密码

Step 7 如图 9-26 所示，在弹出的"添加本计算机至计算机和联系人"对话框中选择"现在就免费创建一个 TeamViewer 账号"单选项，"您的姓名"输入 hanligangMVP，再输入邮箱地址和密码，然后单击"下一步"按钮。需要你记下这个账户和密码，稍后需要在控制端使用这个账户和密码登录，登录后就能看到这个账户下可以用来远程管理的计算机。

图 9-26　注册一个新的 TeamViewer 账号

Step 8 如图 9-27 所示，在弹出的"完成向导"对话框中单击"结束"按钮。

图 9-27 完成向导

如图 9-28 所示，设置好无人值守向导之后可以看到 TeamViewer 生成的 ID。

图 9-28 允许远程控制页面

9.3.3 控制端登录

在控制端打开 TeamViewer，如图 9-29 所示，在"计算机和联系人"对话框中输入电子邮件和密码，然后单击"登录"按钮登录账户，可以看到该账户下那些安装运行了 TeamViewer Host 的主机。

图 9-29 登录界面

登录成功后，如图 9-30 所示，能看到该账户下可以进行远程管理的主机。双击"我的计算机"下的"ZHANG-PC"即可进行远程管理，如图 9-31 所示。

图 9-30 该账户下的主机

图 9-31 连接成功

如果打算更改账户信息，如图 9-32 所示，则单击账户并选择"编辑配置文件"选项，在弹出的"TeamViewer 选项"对话框中选中"计算机和联系人"，如图 9-33 所示，可以设置"您的姓名"和"新密码"以及其他设置，然后单击"确定"按钮。

图 9-32　编辑配置文件

图 9-33　TeamViewer 选项界面